"十四五"普通高等教育本科部委级规划教材
北京高校"优质本科教材课件"

裘皮服装设计与效果图表现技法

QIUPI FUZHUANG SHEJI YU XIAOGUOTU BIAOXIAN JIFA

周莹◎编著

中国纺织出版社有限公司

内 容 提 要

本书是“十四五”普通高等教育本科部委级规划教材，基于我国当下服装设计专业教学发展现状和改革趋势，结合作者多年的裘皮服装设计实践与教学经验编写而成。本书从裘皮的基本概念入手，介绍裘皮材料的发展状况、类别及其特点。同时，通过大量的实际案例，着重讲解各类裘皮材料处理与设计、裁制工艺与设计、服装结构与设计，并结合裘皮服装设计，从造型、色彩、材质及其发展趋势着手，详细介绍裘皮服装的具体设计方法与原理。此外，还介绍了裘皮服装设计效果图表现技法，通过详尽的文字和图例，展示绘制的步骤及要点。

全书图文并茂，并以设计应用方式呈现，具有较强的实用性和可操作性，既可以启发学生的创造性思维，又可以提高学生对裘皮原料的设计能力。

本书既可作为高等院校服装专业的教材，又可供从事服装专业的设计人员、技术人员阅读与参考。

图书在版编目（CIP）数据

裘皮服装设计与效果图表现技法／周莹编著. --北京：中国纺织出版社有限公司，2025. 1
“十四五”普通高等教育本科部委级规划教材
ISBN 978-7-5229-1176-2

Ⅰ. ①裘… Ⅱ. ①周… Ⅲ. ①皮革服装—服装设计—效果图—绘画技法—高等学校—教材 Ⅳ. ① TS941. 776

中国国家版本馆 CIP 数据核字（2023）第 203227 号

责任编辑：李春奕　　责任校对：高　涵　　责任印制：王艳丽

中国纺织出版社有限公司出版发行
地址：北京市朝阳区百子湾东里A407号楼　邮政编码：100124
销售电话：010—67004422　传真：010—87155801
http: //www.c-textilep.com
中国纺织出版社天猫旗舰店
官方微博 http: //weibo.com/2119887771
北京通天印刷有限责任公司印刷　各地新华书店经销
2025年1月第1版第1次印刷
开本：787×1092　1/16　印张：12.25
字数：200千字　定价：69.80元

前 言

中国历来有加工裘皮的技术与生产优势，目前中国裘皮硝染与裘皮制品的生产占有量在国际上具有绝对优势。中国作为潜在的巨大市场，裘皮行业的发展前景更是不可低估。在这样的背景下，考虑到服装材料细分设计及社会用人单位的需求，许多服装院校纷纷开设裘皮服装设计课程。可以说，本教材涉及的相关内容符合服装设计专业教学的发展现状。

在编写思路上，本书将基础理论与实际技法相结合，力图构建一个较为完善的裘皮服装设计及表现技法方面的理论框架，向学生传递较为前沿的裘皮行业发展现状及裘皮服装设计趋势。通过具体的工艺方法及设计细节的解析，拓展学生的理论思维，提高其实操能力，从而体现出服装设计专业的教育特色，即从社会实际需要出发，有针对性地构建学生关于裘皮服装设计及表现技法的知识与能力，这与当下服装设计教学改革中注重培养具有创新、创业竞争能力，掌握高新技术的高质量服装专业人才的目标相契合。

本书注重裘皮材料的创意设计应用，在写作上兼顾理论和应用两个方面，系统阐述裘皮材料在形象、色彩和工艺表现方面的特色及设计原则，并介绍设计与应用经验，其目的在于揭示规律、启发思路、倡导创新，与当前高校教学改革相适应。本书使读者既能掌握裘皮服装设计方法，又能掌握多种裘皮服装设计效果图表现技法，符合服装设计专业的学习需求，故适用于普通高等教育本科教学，可以在时装效果图表现技法、裘皮服装设计等专业课程中广泛使用。此外，本书对于裘皮服装的研究与应用也具有重要参考价值。

本书的创新之处在于：

（1）裘皮服装是时装中相对独立的产品分支，并形成相对独立的行业[1]。本书将裘皮服装作为研究对象，侧重于当代着装中的裘皮服装设计理论及设计规律的研究。

（2）内容虽涉及许多裘皮材料及工艺方面的常识，但是本书的立意是从再造设计的角度去重新审视这些常识，让它们更加鲜活，更具实际指导意义。

（3）从当今所处的时代特征、文化背景、裘皮服装价值观、流行规律、科技对审美和裘皮服装设计的影响等方面，分析、论述裘皮服装的价值、功能、定位及时尚再造设计的发展趋势。

---

[1] 目前我国生产的裘皮服装几乎全部源于人工繁育资源。我国颁布了《毛皮野生动物（兽类）驯养繁育利用技术管理暂行规定》与《皮革和毛皮市场管理技术规范》等行业规范，以促进裘皮业规范科学发展。——出版者

本书从构思到出版得到中国纺织出版社有限公司编辑们的大力支持。在他们敬业且专业的指导下，本书得以顺利完成。在编写过程中，引用了诸多学者的观点和作品，在此表示感谢。书中部分裘皮服装图片是笔者与企业横向合作时设计并拍摄的，由北京元隆皮草皮革有限公司提供。另外，书中还引用了部分课程实践中学生们的优秀设计作品。

鉴于个人学识水平所限，难免有失准之虞，还望得到各位读者的批评和指正，我愿意进一步深入完善。

编著者

2024年9月

教学内容及课时安排

章/课时	课程性质/课时	节	课程内容
第一章（6课时）	基础理论篇（12课时）		·裘皮服装概述
		一	基本概念
		二	中西方裘皮服装发展简史
		三	裘皮材料的特性与审美特点
第二章（6课时）			·裘皮分类
		一	裘皮分类及结构
		二	小毛细皮类裘皮
		三	大毛细皮类裘皮
		四	其他裘皮
第三章（8课时）	应用理论与实践篇（52课时）		·裘皮材料处理与设计
		一	硝皮
		二	染色工艺与设计
		三	肌理设计
		四	裘皮服装生产设备
第四章（8课时）			·裘皮裁制工艺与设计
		一	传统裁制拼接工艺设计
		二	创新裁制工艺设计
		三	裘皮编织工艺设计
第五章（8课时）			·裘皮服装结构与设计
		一	裘皮服装生产流程
		二	裘皮服装成衣规格
		三	裘皮服装结构设计
		四	裘皮服装裁制、排料与用料计算
第六章（10课时）			·裘皮服装设计原理
		一	裘皮服装设计发展趋势
		二	裘皮服装造型设计
		三	裘皮服装色彩设计
		四	裘皮服装材质设计
第七章（18课时）			·裘皮服装设计效果图表现技法
		一	裘皮服装设计草图
		二	裘皮服装工艺结构图
		三	不同裘皮材料的表现技法
		四	不同风格的表现技法
		五	多元画材的表现技法

注 各院校可根据自身的教学特点和教学计划对课程时数进行调整。

目 录

1

第一章 裘皮服装概述

学习目的

掌握裘皮的基本概念、中西方裘皮服装发展简史、裘皮材料的特性与审美特点

本章重点

裘皮材料特性及审美对服装设计的影响及克服方法

第一节 基本概念

人类最早的衣着原料不是丝、棉、麻，而是动物毛皮。在英文中，毛皮被称为“FUR”，而在汉语中则可称为“裘皮”“毛皮”或是“皮草”，不一而足。追根溯源，“裘皮”“毛皮”“皮草”是人们对动物毛皮的不同称谓，不过个中典故颇多。

一、裘皮

在“裘皮”“毛皮”“皮草”这三个概念中，裘皮是更加传统、正规和准确的称谓。《汉语大词典》这样释义“裘皮”：“羊、兔、狐、貂等动物的皮经过带毛鞣制而成的革。轻软保暖，用以制御寒服装。”而《四库全书精华》史部第四卷《天工开物》这样定义“裘”：“凡取兽皮制服，统名曰裘。”由此可知，裘皮是由狐、貉、貂、羊等兽皮，经过硝皮鞣制而成的。

二、毛皮

近代旧上海的殖民地，很多意大利商人开设了毛皮店，最初用英文“FUR”来标注，但又怕中国人看不懂，于是直译过来叫作“毛皮”，指带有毛的动物皮，这种称法也一直沿用到现在。动物毛皮的叫法在南北方会有不同，北方以北京为中心称之为“裘皮”，南方以上海为中心称之为“毛皮”，统称带有毛的动物皮。

三、皮草

“皮草”是现代人们普遍认同的，对“裘皮”“毛皮”的另一种称谓。对于这种称谓可谓众说纷纭：有说法认为，“皮草”是由于动物身上长出的优质毛皮像草一样密集而得名。还有关于“皮草”一词诞生的一个典故：旧上海俄罗斯犹太人开设的毛皮店，多售卖价格昂贵的野生动物毛皮。到了夏天就经销草席，而这种两全其美的商店就被称为“皮草行”。《汉语大词典》中记载：“粤港等地在冬季出售皮毛服装，在夏季出售草席等货物的商行，称皮草行。”1949年前后，很多皮草公司都搬到香港，并逐渐不再卖草席了。但是给犹太皮草商打工的学徒，仍然仿照原来的犹太老板，称专卖皮衣的店为“皮草公司”。就这样，“皮草”的叫法从上海传到香港，后来又从香港回到了中国内地。

然而，将“裘皮”“毛皮”称为“皮草”还有更为久远的渊源。清代黄世仲《廿载繁华梦》（又名《粤东繁华梦》）第二十六回中记载：“统共计木料、锡器、磁器、金银酒盅、房内物件及床铺被褥、顾绣垫搭，以至皮草衣服、帐轴……”从文献的记录来看，广东地区在晚清时便有“皮草”一词，其含义为毛皮。因此，便有人质疑上述“皮草”一词来源的说法，认为“草”是方言中对某类东西的称谓，“皮草”即“皮类”。

不过，我们在这里也无须争论哪一种说法是对的，因为现代人已将“皮草”与“裘皮”“毛皮”的概念等同。

四、皮革

在《汉语大词典》中对“皮革”一词有三种释义：其一是指带毛的兽皮和去毛的兽皮，这里的“皮”和“革”分别指带毛的兽皮（图1-1）和去毛的兽皮（图1-2）。其二是指牛、羊、猪等动物皮去毛加工的熟皮，具有柔韧和透气等性能，广泛用于机器轮带、皮鞋、皮箱等领域。其三是指人体的皮肤。可以看出，“皮革”既可以理解为广义的带毛的“皮”和去毛的“革”，同时也可以狭义地专指去毛的“革”，在我国裘皮行业里，通常“皮革”为第二种释义，将其等同于“革”，即指去毛的动物熟皮。

图1-1　芬迪（Fendi）裘皮服饰设计作品《大爆炸》

图1-2　赛琳（Celine）羊皮革装饰豹纹大衣

第二节 中西方裘皮服装发展简史

随着人类文明的演变、时代的进步与人们思想的发展，裘皮服装的发展大体上经历了“由早期以御寒护体为主的功能性阶段；到后来以图腾崇拜、权力象征的魔力性为主的阶段；又到中世纪以高贵、华丽的形式表现社会地位的标识性为主的阶段；再到现代表现时代精神的时尚性为主的阶段。”[1]尽管古代欧洲国王和中国皇帝都曾选用紫貂作为冬季皇袍的原料，但是由于文化背景不同，中西方对裘皮服饰内涵意义的释义也是颇为不同的。

一、西方裘皮服装发展简史

（一）古代的西方裘皮服装

在处于原始社会末期的西方，人类的裘皮服饰历史亦由蛮荒进入文明时代。这一时期的裘皮服饰不仅具有防寒护体的实用性，而且融入了许多原始宗教信仰和图腾崇拜的影子，在彰显鲜明地域特色的同时呈现出原始宗教的理念。到了原始社会末期，人们将披戴兽皮与魔力联系在一起，进而与庆典仪式联系起来，即把兽皮作为一种魔法象征（图1-3）。

（二）中世纪的西方裘皮服装

处在黑暗时代的中世纪欧洲，当时人们认为裘皮朝外穿是不文明人的穿法，在他们看来，“明目张胆”地大面积使用裘皮始终保留着某种程度的“野蛮”气息，因此，裘皮多用于衬里和镶边。裘皮服饰在中世纪进入以高贵、华丽的形式表现社会地位的标识性为主的发展阶段，成为人们社会地位的象征和标志，详见图1-4。封建统治者制定了专门的使用动物毛皮的法

[1] 陈莹：《毛皮服装设计与工艺》，北京：中国纺织出版社，2000年，第1页。

古代西方裘皮服装

古埃及

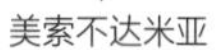

美索不达米亚

古埃及人对于裘皮的钟爱主要体现在其所具有的魔力和权力象征意义方面。为区分阶级，作为统治者的法老和祭司们，身穿狮、豹等动物的皮毛，佩戴雄狮的尾巴，就是借助野兽皮来彰显王权，以此炫耀其权力与地位

埃及科翁坡神殿雕塑中的豹皮服装

苏美尔人生产羊毛和皮革制品，大多数衣服都采用羊毛制作。最基本的苏美尔人服装样式为可长可短的柯纳克裙（Kaunakes），它是由长毛型动物皮毛（主要是绵羊皮）制成，长绒毛经过处理后呈现出横向排列的肌理效果。后来苏美尔人制造出厚重的羊毛织物，并制成自然羊毛皮的效果，上面饰以羊毛编成的流苏

身穿柯纳克羊毛裙的苏美尔人

图1-3 古代西方裘皮服饰

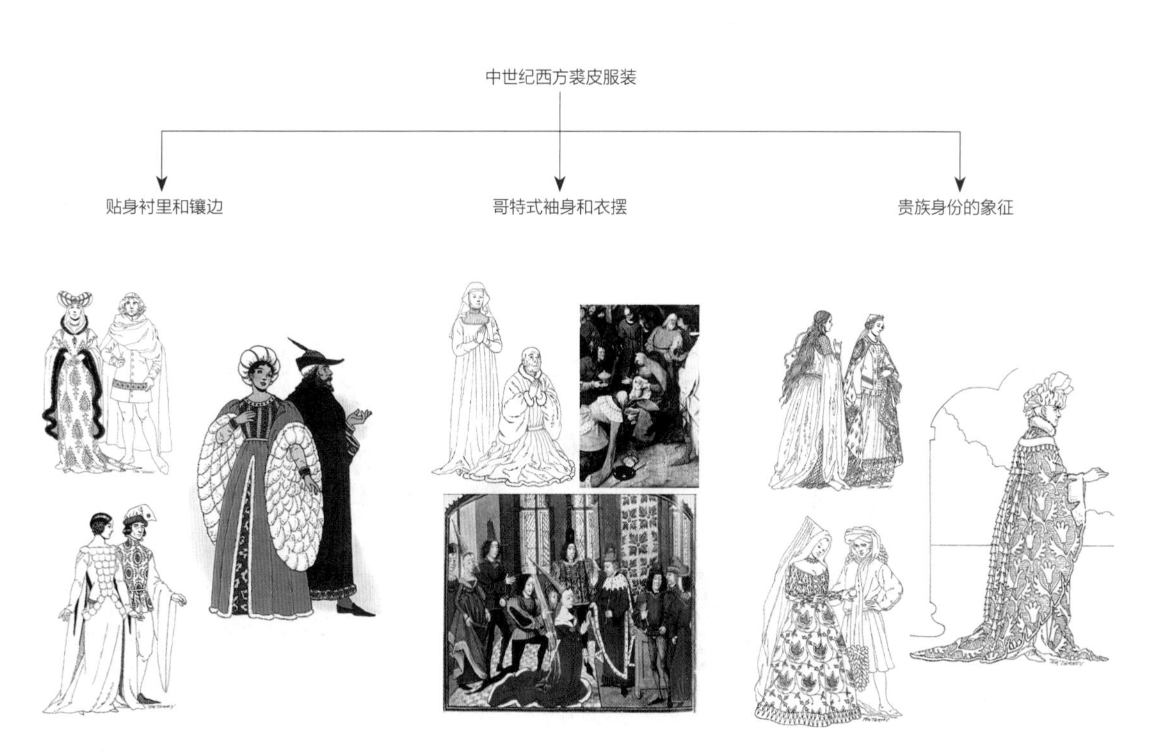

图1-4 中世纪西方裘皮服饰

令，高贵的毛皮服装只许贵族穿用。

（三）文艺复兴到19世纪的西方裘皮服装

14、15世纪之后，贵族用裘皮来装扮自己并将其作为身份的象征。裘皮作为衬里，被大量地应用在男子的大衣和斗篷上，增添魁梧、健壮感，与此同时，领口、袖口以及衣摆处的裘皮边饰与衬里相呼应，起到很好的装饰效果。女子服饰中的裘皮一般用于裙子的衬饰或袖口边饰，以强调女性纤细柔美的形体特征，突出裙撑撑起的壮观裙摆。

16世纪出现两件至今仍流行的裘皮饰品——裘皮围巾和裘皮手笼。巴洛克风格盛行的17世纪，裘皮除作为披风的衬里外，还被广泛用于领口和门襟的边饰，而裘皮围巾、手笼和帽子更是那时颇为多见的服饰。18世纪晚期之前，斗篷、大衣、外套等保暖衣物仍以裘皮作为衬里或镶边。此时，裘皮制成的手笼仍旧颇为流行，只是形状变为枕头般，女性将其拿在手中或以丝带悬挂在脖颈处，而男性则将其挂在夹克或马甲腰际侧边的纽扣上。

工业革命以后，男子的社会形象发生了变化。因此，大量珍贵的裘皮材料更多地出现在贵族女性的服饰中。从骑马服演变来的女外套大行其道，冬天常镶有裘皮。裙子也变得更为宽大，更加强调外轮廓线。到19世纪50～60年代，裙撑幅度愈来愈大，发展为克里诺林（Crinoline）式样的裙撑，而与之相配的披风、斗篷更是少不了裘皮镶边的装饰（图1-5）。

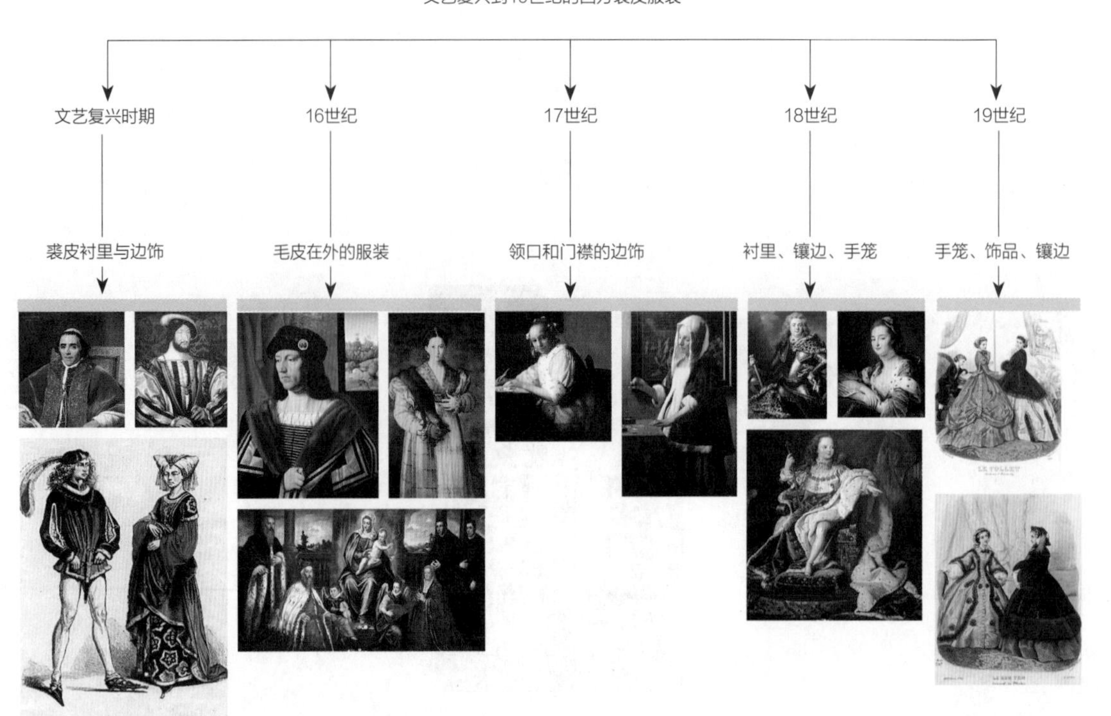

图1-5 文艺复兴到19世纪的西方裘皮服装

（四）近代的西方裘皮服装

19世纪末期，除裘皮饰边和领饰等配件外，整件毛皮向外的服装开始正式登场。20世纪初，裘皮服装既保持了社会地位的标识作用，又注入时代的气息。裘皮服饰定期出现在法国时装设计师简·帕康（Jeanne Paquin）和保罗·波烈（Paul Poiret）的作品中。帕康的设计颇受消费者喜爱，她根据不同的对象，在各种材料的衣服领、袖以及饰带、围巾、手笼等处都运用裘皮。她的裘皮领被人们称为“帕康领”，且风靡一时。1918年，罗马成立了一家专门为贵妇和好莱坞明星设计裘皮大衣的专卖店，即今日著名国际时装品牌芬迪的前身。

在20世纪第一个十年到第二个十年间，冬季大衣的设计上往往采用长毛裘皮并加以装饰。无论是上层社会人士还是普通民众都可以穿用裘皮。而毛皮及配件的材质和价位范围更加宽广，也有专为儿童设计的小一号服饰。[1]

20世纪20～30年代，裘皮成为时髦女性追求的重要内容。当时出现了狐皮热潮，银狐披肩、领圈以及镶在裙摆、袖口和领口的小块裘皮都是妇女们彰显时尚的标识。流行、时尚的概念为裘皮服饰注入了强大的生命力，裘皮与面料织物进行着完美的搭配。

好景不长，第二次世界大战中断了时装业的发展，裘皮服装的发展也处于停滞状态。由于物资匮乏，欧洲人用不起高档裘皮，裘皮只能作为点缀偶尔出现在帽饰上，而德国妇女甚至被禁止穿用裘皮。

进入20世纪50年代以后，欧洲的经济迅速得到恢复。克里斯汀·迪奥（Christian Dior）、杰奎斯·菲斯（Jacques Fath）和克里斯托瓦尔·巴伦夏加（Cristobal Balenciaga）等设计师开始尝试探索新技术来打破世纪初期的传统裘皮造型。

20世纪60年代，裘皮从高雅的殿堂中走出来，出现了休闲型、运动型裘皮服饰，这种风尚一直延续至今。20世纪70～80年代，裘皮开始机械化生产，这推动着裘皮服饰从定制向成衣化方向发展。但由于世界范围内的经济萧条和动物保护主义的强烈抗议，裘

[1] 王受之：《世界服装史》，北京：中国青年出版社，2002年，第53页。

皮服饰处于低潮状态。

进入20世纪90年代初期，对裘皮进行后加工的方法多起来，新一轮裘皮时尚随之产生。几乎所有色彩在裘皮上都可以实现。另外，裘皮也抛开一贯的雍容和矜持，更加简洁和轻便。随着现代裘皮服装业的兴起，妇女们获得了更多的裘皮服饰式样，裘皮材料的使用量明显增加，裘皮服装有了全新的外观（图1-6、图1-7）。

二、中国裘皮服装发展简史

（一）中国古代裘皮服装

中国裘皮加工技术起源较早，周口店的山顶洞人使用骨针缝合兽皮，用事实很好地印证了在那个时期中国古人类已经用兽皮材料缝制衣服。与此同时，山顶洞人应该已经掌握初级的鞣皮技术。

在裘皮比较稀有的时代，裘皮成为权力、身份、地位和财富的象征。中国古人对裘皮的价值也做了评价，如“贵至貂、狐，贱至羊、麂，值分百等”，说明用不同种类兽皮制成的衣服价值等级相差很大。裘皮自古就是阶级地位的象征，正如“乘肥马，衣轻裘”代表着生活豪奢阶层的社会地位，成为人们彰显自己的有力物件（图1-8～图1-13）。

（二）中国近代裘皮服装

晚清民初，中国社会处于动荡和转型期，由于各种因素的作用，我国裘皮行业发展较为迅猛。裘皮服装的政治象征功能减弱，裘皮不再是贵族阶层的独有物，它的标识和象征意义已经开始转变，炫耀富有和时尚代替炫耀等级和地位，并呈现出两大趋势。

一种趋势是裘皮服装朝大众化、物质化方向发展。来自洋行中方买办、工商业者、富裕的工薪阶层等不同的消费群体成为裘皮服装的主要消费对象，裘皮服装是经济实力的体现。

另一种趋势是裘皮成为当时服装设计的重要装饰手段，裘皮服装成为服装公司的重要产品之一。裘皮饰边和裘皮服装是我国服装史上西服东渐历

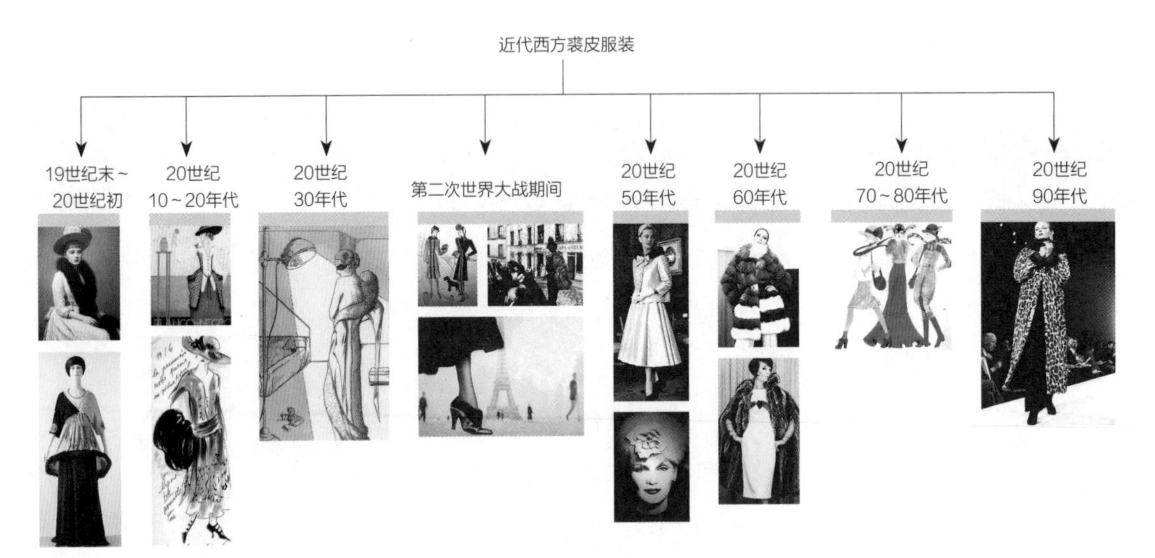

图1-6 近代的西方裘皮服装

图1-7　乔治·马格纳尼（Giorgio Magnani）民族风裘皮设计作品

图1-8　清代熏貂皮皇帝冬吉服冠（故宫博物院藏）

图1-9　清代貂皮嵌珠皇后冬朝冠（故宫博物院藏）

图1-10　清代明黄色江山万代暗花绸貂皮褂正面（故宫博物院藏）

图1-11　清代明黄色江山万代暗花绸貂皮褂里面（故宫博物院藏）

图1-12　清代明黄地彩云金龙妆花缎貂皮朝袍（故宫博物院藏）

图1-13　清代明黄色江绸黑狐皮端罩（故宫博物院藏）

史潮流的一部分。此时的裘皮服装已融入西方艺术和流行时尚理念，打破了以前裘皮服饰比较单调的造型和装饰风格[1]（图1-14～图1-18）。

我国近代裘皮服装的变化遵循时代发展、顺应时尚潮流。裘皮的用途在远古时代是遮羞御寒，在封建社会是标识身份和地位，而到近代裘皮服装则发展出西化造型，并出现崇尚大众化和物质化的潮流。作为中国传统服饰文化的组成部分，它的功能性由彰显等级演变为追求潮流和炫耀富有，这是我国近代历史发展、社会变革、经济转型及中西文化交流的缩影。

[1] 崔荣荣、张竞琼：《传统裘皮服装服用功能性的流变》，载《纺织学报》，2005年第6期。

图1-14　20世纪20年代上海女性穿着镶有裘皮饰边的长斗篷

图1-15　1929年上海时装杂志封面中穿裘皮饰领大衣的女性

图1-16　民国时期女画家关紫兰穿着新式裘皮镶边短袄

图1-17　民国时期女明星徐来穿着花色旗袍搭配黑色皮草披肩

图1-18　民国时期呢子大衣与裘皮饰边相搭配

第三节 裘皮材料的特性与审美特点

一、裘皮材料的特性

（一）裘皮的正反之别

裘皮材料有毛面也有皮板面，原始人是怎样穿用的？没有相关文字记载，我们不得而知。不过，早在3000多年前的殷商时期，古人用甲骨文记有“裘之制毛在外”的解说。到春秋战国时又有载：先秦魏文侯外出，遇见一老人反裘负薪。文侯问之，老人说：“我爱其毛”，文侯说：“怎么你不知道皮用坏了，毛还附在哪里呢？”自此以后“皮之不存，毛将焉附”成为著名的成语。可见穿裘皮的习惯是翻毛在外。

究竟远古时代的人们穿用裘皮的哪一面？年代既久，且古籍中又缺乏详细记载，后人只能猜测。如果说在古代，裘皮的鞣制技术还不能使皮板像毛一样触感舒适，那么现代先进的裘皮深加工技术则可使裘皮的毛面和皮板面都光鲜照人，无论穿哪一面，都同样舒适时尚（图1-19、图1-20）。

（二）裘皮的扩张感

裘皮材料比较厚实、松

图1-19　毛面的水貂皮和狐皮拼接大衣

图1-20　皮板面的皮毛一体长大衣

软，具有较强的体积感，这一特性是其他面料甚至是比较厚重的纺织面料难以达到的，而且不同类别的裘皮材料其扩张感也不尽相同。如果把握不好这种强烈的扩张感，就会让设计师陷入尴尬的境地，即设计作品制作出来与自己的想象差异很大。这种情况在裘皮服饰设计初期更是“有过之而无不及”。

（三）裘皮的方向性

裘皮材料表层富于自然、柔和的光泽，且毛的生长具有一定的方向性，因此其特殊性还在于毛向，即毛的方向，它既是裘皮材料有别于其他面料的特性，同时也成为一个独特的设计点（图1-21）。通常裘皮服装的毛向是朝下，但男装水貂夹克的毛向则向上，使整件衣服充满活力。

二、裘皮材料特性对设计的影响与制约

（一）原材料的合理利用

对于裘皮服装设计来说，怎样设计才能达到既经济省皮又流行美观，这是对设计师极大的挑战。虽然材料的合理利用对纺织面料服装也很重要，但对裘皮服装来说尤为重要，因为裘皮材料大多比较昂贵。比如，在设计水貂、獭兔等整皮衣服时，仅仅设计款式、打出样板是远远不够的，还要考虑“排脊”（即脊背位置的排列）的问题（图1-22）。有时出于排脊的合理性考虑，还要改动衣长尺寸等，这在纺织面料服装中是很少出现的。

（二）尺寸与规格

尺寸与规格直接关系到成本和产品的外观效果。比如一条双面编织围巾，10cm×120cm的规格比较合适，但是把规格加大到15cm×140cm就显得有些沉，因为双面编织的工艺会增加一倍的用料，在增加一倍重量的同时又增加了一倍成本，这样就会严重影响产品销量。再如，设计披肩时，不同材料会有不同的风格和尺寸，传统的水貂披肩或狐狸披肩稍大一点的尺寸往往更显雍容华贵，尺寸过小则不显大气，而休闲感的披肩，尺寸就可以比较随意。

（三）样板与设计

同纺织面料服装相比，裘皮本身具有一定的厚度，制作成的裘皮服装，其分割线、装

图1-21 裘皮方向的设计可以改变产品的外观

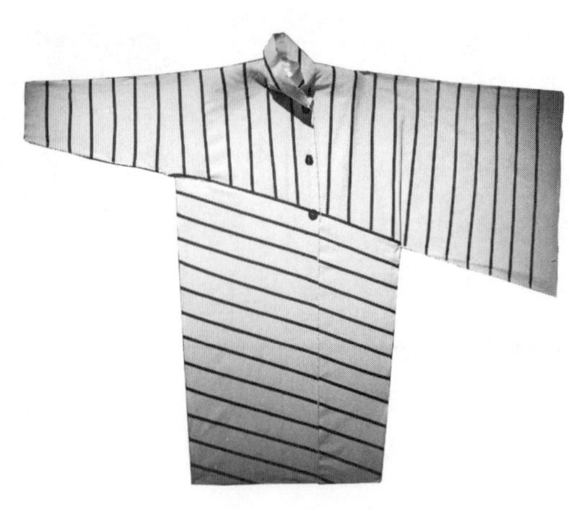

图1-22 裘皮服饰的设计需要考虑“排脊”的合理性

饰部件常常较少，样板给人的感觉较为简洁。不过裘皮样板设计也有其特性，例如通常在纺织面料服装中，结构线的位置设计是非常重要的设计点，而在裘皮服装中，结构线的位置就显得没那么重要。因为裘皮材料可以适当伸张，开身的位置、省道的转移等被长毛所覆盖而不会过多影响外观效果。这样的特性给设计带来很大的发挥空间。另外，不同毛长裘皮的纸样与实际效果存在不同的差距，针毛越长则差距越大。例如，银狐皮、貉皮等长毛裘皮，纸样上画出2～3cm，可实际效果却有7～8cm之长，这也是裘皮样板与普通面料时装样板的重要差别所在。

（四）工艺处理

裘皮可塑性很高，融合现代新技术和新工艺，如剪毛、拔毛、抽刀、喷色、漂染、镂空、编织……可展示出裘皮崭新的面貌，加之与其他服饰材料相结合，如皮革、蕾丝等，更平添裘皮多样化的风格（图1-23）。工艺设计是裘皮服饰设计的主体，工艺设计似

图1-23 创新工艺使裘皮材料的外观发生变化

乎比款式设计更突出、更重要，有时甚至是构成整件裘皮设计的主体。

当然，好的设计要以工艺的合理性为前提。例如，设计獭兔喷脊整皮衣服，通常是横制，少有竖制和斜制。虽然后者在工艺制作上能达到，但却是以高耗料和高难度工艺为代价，有些得不偿失。

三、裘皮材料的审美特点

在世界范围的经济增长、经济危机循环往复以及气候变暖等大环境下，人们的服饰消费发生翻天覆地的变革，一些新的裘皮材料的审美趋势需要我们重新去审视。

（一）追求高性价比的裘皮服饰消费

21世纪初，伴随经济危机而来的是新一轮的时尚风潮——不景气的时髦（Recession Chic），它给整个时装界以及零售业带来希望，并驱使顾客在预算减少时仍要消费，因此高性价比的裘皮服饰是时下消费者更热衷的选择。事实表明，用奢华裘皮炫耀财富的时代已经结束，理性消费的时代已经到来。在经济危机下，精明务实的大众更倾向于选择新的消费模式，更理性、更聪明地调整消费。

（二）不同种类裘皮混搭的装饰效果

如今的人们更乐于看到振奋人心的设计作品，这就意味着产品需要创新。众多设计师致力于产品的创新，而混搭的设计手法就是他们擅长的设计手段之一。裘皮有很多种类，根据毛的粗细等品质可以对其加以区分。不同种类的裘皮在服装中有着不同的装饰效果，例如狐毛长而绒丰厚、水貂毛富有绸缎般的光泽、羔羊毛短而弯曲、滩羊毛则长而卷曲。这些不同的裘皮材料特征，造就不同类别裘皮的独特外观，设计师在设计时，可以根据裘皮的不同特性，采用小面积裘皮进行点缀的设计方法，在服装大面积空间内，点缀以不同种类的裘皮，产生混搭的装饰感（图1-24）。

图1-24 水貂毛皮与长山羊毛皮的混搭

（三）制衣工艺带来的不同肌理效果

随着人们着装观念的变化，制作工艺也必须发展变化以适应当下人们的审美需求。轻、薄、暖成为人们新的追求目标，裘皮也向纺织工艺技术方面发展。例如，将裘皮制成各种裘皮线、花边等，再结合编织技术，使裘皮服饰似毛衣一样柔软轻便，符合人们追求轻、薄、暖的审美观。在这样的审美观念下，裘皮服装的工艺设计顺应潮流，不断地推陈出新（图1-25）。

图1-25　体现轻薄暖的裘皮服饰审美

本章小结

1. 裘皮、毛皮、皮草是人们对动物毛皮的不同称谓。
2. 裘皮服饰的发展大体上经历了由早期以御寒护体为主的功能性阶段；到古代以图腾崇拜、权力象征为主的魔力性阶段；又到中世纪以高贵、华丽的形式表现社会地位的为主的标识性阶段；再到现代以表现时代精神为主的时尚性阶段。
3. 与其他材料相比，裘皮材料的特殊性表现在毛面与皮面的正反之别、较强的扩张性以及明确的方向性。
4. 由于裘皮材料的特殊性，设计师在具体设计时需要考虑如何合理运用原材料，恰当把握尺寸与规格，处理好纸样的结构设计等问题。

思考题

1. 裘皮、毛皮、皮草、皮革的基本概念是什么？
2. 简述西方裘皮服饰发展简史。
3. 简述我国裘皮服饰发展简史。
4. 裘皮材料有哪些特殊性，有何具体表现？在设计时需要从哪些方面思考和把握？

2

第二章 裘皮分类

学习目的

了解并掌握裘皮原料的分类及结构

本章重点

小毛细皮类、大毛细皮类和其他裘皮原料的外观及结构特点

第一节 裘皮分类及结构

一、裘皮分类

裘皮主要来源于毛皮兽。由于现在许多野生动物受到保护，所以现在制衣用裘皮一般产自北美洲、东欧、中欧、西欧及亚洲等地的毛皮动物养殖场。如今有哪些动物的毛皮用来制作裘皮服饰？哪种裘皮更优雅？哪种更奢华？哪种更平易近人？哪种又最流行呢？

裘皮的分类有着不同的方法：

（1）按照采集裘皮的季节，可分为春皮、夏皮、秋皮和冬皮。

（2）按照裘皮的外观特征，可分为长毛、短毛、直毛、曲毛、粗毛和细毛等。

（3）按照裘皮的品质，可分为高档裘皮、中档裘皮和低档裘皮。水貂皮、狐皮等属于高档裘皮，各种羔羊皮、羊皮、貉皮等属于中档裘皮，兔皮、狗皮属于低档裘皮。

（4）按照动物的名称，可分为狐皮、貂皮、狼皮、海狸皮、猞猁皮等。

（5）按照裘皮的来源，可分为野生裘皮和人工饲养裘皮两大类。

在本书中，综合裘皮皮板的厚薄、毛被的长短及外观质量，可以将裘皮分为三大类：小毛细皮类、大毛细皮类和其他裘皮，并将着重介绍人工饲养的裘皮。目前，我国生产的裘皮服装几乎全部源于人工繁育资源。且在动物保护等活动的推动下，我国《毛皮野生动物（兽类）驯养繁育利用技术管理暂行规定》以及《皮革和毛皮市场管理技术规范》等行业规范的颁布，要求毛皮动物处死应采用安全、人道、环保的方法，其目的是促进裘皮业的规范科学发展。

二、裘皮结构

尽管裘皮的种类繁多，但是它们的自然结构却不尽相同。通常，裘皮由动物毛皮的皮板和附着于皮板之上的毛绒两部分组成，而毛绒的不同决定了裘皮材料的不同外观，因而成为区分各类裘皮的依据之一。大部分裘皮的毛绒分为两层：针毛和底绒，它们共同构成流光溢彩的毛绒（图2-1）。其中，外层的毛层称为针毛，而紧贴皮板的里面毛层称为底绒。相对底绒而言，针毛较粗硬，

图2-1 裘皮的毛绒由针毛和底绒构成

密度也较稀疏，但是其光泽度高、装饰性强，因此，针毛的长度、密度和光亮度成为决定裘皮质量等级的主要因素。底绒的毛比较短小，具有厚密、柔软、细腻、保暖性好的特点，其密度和弹性也是决定裘皮质量等级的关键因素。

针毛和底绒构成了多数裘皮的结构，但各类裘皮的结构也各具形态。有的裘皮兼具针毛和底绒，如狐皮、貂皮、貉皮、黄狼皮、家兔皮、猞猁皮等；有的裘皮仅有针毛，如海豹皮、斑马皮、猾子皮等；有的裘皮仅有底绒，如银丝鼠皮、獭兔皮等；有的裘皮其针毛和底绒则打破常规，如羔羊皮、滩羊皮等，拥有天然的“自来卷”，呈现出摩登气质。

了解了裘皮的自然结构，还应该了解裘皮的不同部位，这样对裘皮的认识才更全面。如图2-2所示，习惯上将动物的裘皮分为头部、颈（脖）部、脊背部、肷部、座部、腿部（前腿部、后腿部）和尾部。不同部位的裘皮外观手感也各不相同。通常，脊背位置的裘皮品质最高，针毛长而光亮，底绒细腻丰厚，有的动物脊背处会有较深的纹路；动物腹部（行业内的叫法是“肷”），其针毛和底绒都短而稀疏；颈部（行业内称为“脖”），通常是周身最灵活，最富有动感的部位；与颈部的灵活相对的臀部毛皮，行业内称为“座”，其毛较短、厚实，有结毛。另外，头部、腿部、尾部的裘皮也各有所用，可以将这些部位的裘皮单独收集起来拼接在一起使用，会产生不同质感的肌理效果（图2-3、图2-4）。

三、裘皮等级

裘皮分级是一项极其复杂的技术。裘皮尺寸、形状和质地不同，针毛颜色和底绒深浅也各异。这些因素都使裘皮分级成为一项专业性极高的技术。

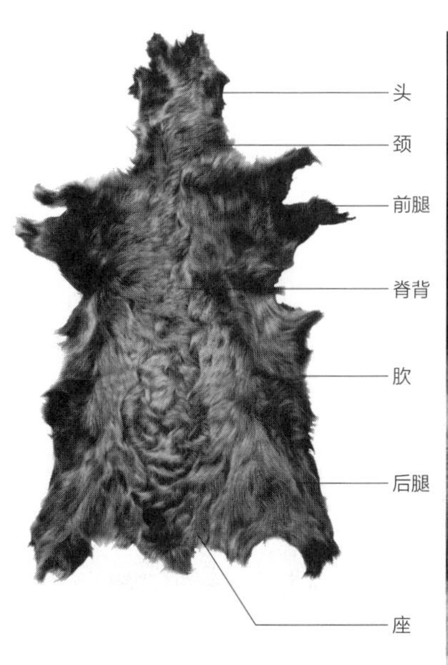

图2-2 皮张结构图

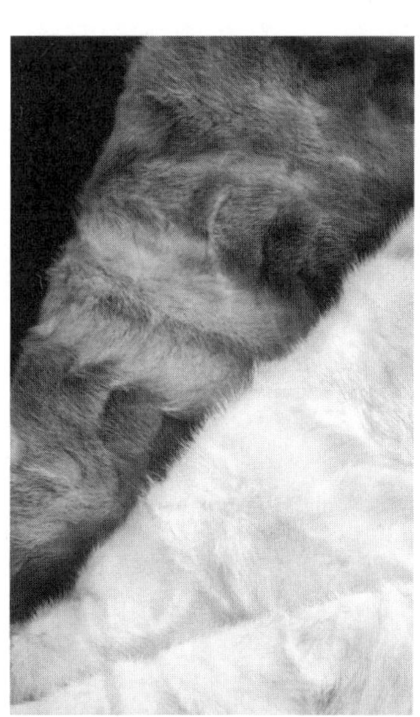

图2-3 水貂腿皮褥子

图2-4 狐腿皮拼接皮革上衣

（一）裘皮分级系统

1. 北欧裘皮分级系统

国际上知名的斯堪的纳维亚分级系统是由挪威奥斯陆毛皮拍卖有限公司开始实施的。目前该分级系统主要有貂皮和狐皮两大类。分级专业人员按照裘皮原料种类、性别、尺寸大小、色泽评级、质量鉴定、色泽清晰度以及针毛和底绒的长短来逐级对裘皮加以分级。分级后的水貂皮和狐皮被打成捆并编目成册，标明供货商和产地等信息，最后送至拍卖行面向世界各地的买家来进行竞投。

2. 中国裘皮分级标准

中国有着自己的裘皮分级标准。例如，水貂皮的分级标准规定了水貂皮剥取加工技术要求、质量标准、检验方法、检验规则、仓储保管及包装运输，这套标准适用于水貂皮剥取加工、购销、交接检验质量。此外，国内一些企业也制定了自己的分级标准，例如华斯控股股份有限公司制定的“华斯一级”“华斯二级”等裘皮分级标准被同行广泛认可，并成为业内公认的对原材料色泽、质量等较准确的评定标准。

（二）裘皮标签

为确保和规范裘皮服装的等级价格，国际裘皮生产联合会于1952年发起制定“裘皮质量商标法”（Fur Labeling Act），要求出售的裘皮必须明示其等级标签。标签上要注明裘皮的名称、产地、加工工艺（染色、剪毛等）、部位（整皮、碎皮、侧身、脚爪、耳部、尾巴等）。甚至二手的皮货和使用过的裘皮服装也必须有标签。国际上通行的标签有斯堪的纳维亚的商标“Saga”（图2-5），美国的商标“Enba”，俄罗斯的商标“Norka”等。

图2-5 国际通行的“Saga”标签

第二节 小毛细皮类裘皮

小毛细皮类裘皮属于高级毛皮，其毛质的特点是毛短，毛绒丰足、平齐、灵活，色泽光润，弹性好，手感细密而柔软，多带有鲜艳而漂亮的颜色，皮板薄韧，张幅较小。以下介绍几种较为常见的种类。

一、紫貂皮

紫貂（Sable）：别名黑貂，是一种特产于亚洲北部的貂属动物（图2-6）。现已被中国列为一级保护动物，严禁捕猎野生紫貂。

用紫貂皮制成的裘皮服

装，在寒冬腊月时穿着十分暖和且沾水不湿，雪落在上面即融化。紫貂皮是极名贵的裘皮面料之一，紫貂是貂的五大家族（紫貂、花貂、纱貂、太平貂、水貂）成员之一。紫貂针毛内夹杂的银白色针毛比其他针毛粗、长、亮，毛被细软，底绒丰富，质地轻软坚韧，皮板鬃眼较粗，底色清晰光亮。

曾几何时，紫貂是俄国沙皇的专利品，即使至今，生皮依然限量出口。与传统的水貂相比，紫貂极为轻盈，毛皮窄长，优雅奢华，居貂皮之首，被人们称为“裘皮之王”（图2-7、图2-8）。

二、扫雪皮

扫雪（Stone Marten）：又名石貂、岩貂、榉貂、崖獭，是貂家族中的另一成员，是一种广泛分布于欧亚大陆的貂类动物，已经被列为国家二级重点保护动物。

扫雪的皮板细，毛尖长而粗，光润华美，针毛呈棕色，脊为黑棕色，绒毛乳白色或灰白色，冬毛纯白色，但尾尖总是黑色，其皮板的鬃眼比貂皮的细，毛被的峰尖长而粗，光泽好，绒毛丰厚，光润华美。虽比不上紫貂皮奢华，但也属于上乘之品（图2-9、图2-10）。

三、黄鼬皮

黄鼬（Weasel）：俗名黄鼠狼或黄狼，也叫喜马拉雅鼬或者西伯利亚鼬，属于鼬科鼬属。说起黄鼬大家会感到陌生，但黄鼠狼的名字却是家喻户晓。因为其周身为棕黄或橙黄色，所以动物学上称它为黄鼬。

黄鼬是世界上身体极为柔软的动物之一，擅长钻狭窄的缝隙。背部毛棕褐色或棕黄色，吻端和颜面部深褐色，鼻端周围、口角和额部为白色，杂有棕黄色，身体腹面颜色略淡。夏毛颜色较深，冬毛颜色浅淡且带光泽。尾部、四肢与背部同色（图2-11）。

图2-6　紫貂

图2-7　丰盈蓬松的紫貂上衣局部

图2-8　紫貂上衣

图2-9　扫雪

图2-10　扫雪编织围巾

黄鼬针毛峰尖细软，绒毛短小细密，整齐的毛峰和绒毛形成明显的两层，皮板坚韧厚实，防水耐磨。鉴于黄鼠狼在动物界的名声，通常将其使用在衣服的衬里，而较少用作面料。

四、麝鼠皮

麝鼠（Muskrat）：别名青根貂、麝香鼠，因其会阴部的腺体能产生类似麝香的分泌物而得名。麝鼠皮的背毛由棕黄色渐至棕褐色，毛基及腹侧毛均为浅灰色。皮厚绒足，针毛光亮，尤以冬皮柔软滑润、品质优良（图2-12、图2-13）。最大的优点是沥水性极强，不沾雨雪，在国际皮毛市场上素有“软黄金”之称。

五、银丝鼠皮

银丝鼠（Chinchilla）：或称青紫蓝，又名毛丝鼠。银丝鼠体型小而肥胖，尾端的毛长而蓬松；全身布满均匀的绒毛，其状如丝一样细密柔软，故得名（图2-14）。

银丝鼠的背毛是蓝灰色或灰褐色，有黑毛尖，其腹部皮色如雪，润泽光亮，无杂毛，针毛和绒毛近齐，皮板绵软灵活，起伏自如。以美国出产的银丝鼠皮最为优质，毛身短而茂密，触手时柔软如丝，仿佛披上一层轻纱，成为奢华的代表。银丝鼠皮保暖御寒效果好，是世界上最好的裘皮原料之一，若按照重量来计算，其价值堪比黄金，故又有金丝鼠之称。银丝鼠皮制成的裘皮服装受到人们追捧，一件银丝鼠裘皮外套的价格可以与一辆中档小轿车相提并论（图2-15）。

六、海狸皮

海狸（Beaver）：躯体背

图2-14　银丝鼠

图2-11　黄鼬

图2-12　麝鼠

图2-13　运用气孔工艺制作的麝鼠皮上衣

图2-15　银丝鼠皮斜拼披肩

部针毛亮而粗，绒毛厚而柔软，腹部基本被绒毛覆盖。针毛黄棕色，背部呈锈褐色，头部、腹部毛色较背部浅，呈棕灰色，颏下近黄色。在棕灰色的底绒上长有较长的针毛，且间杂棕黑或棕黄两种色泽的毛尖，毛长绒厚，但色泽不一（图2-16），常常漂白后使用（图2-17）。

七、水貂皮

水貂（Mink）：在动物分类学上属于哺乳纲、食肉目、鼬科、鼬属的小型珍贵毛皮动物。水貂皮的脊部至尾基处为黑褐色，尾尖呈黑色。优质水貂皮张幅大，貂毛细密、轻盈、光滑，针毛幼长而充满光泽，绒毛则丰厚、柔软、稠密，皮板坚实、轻便（图2-18）。水貂皮有公水貂皮和母水貂皮之分，其中母水貂皮的制成品较为昂贵。水貂皮、狐皮与波斯羔羊皮为世界裘皮市场的三大支柱商品。水貂因外观的自然色泽及图案等变化不同，有黑貂、咖啡貂、铁灰貂、珍珠貂、蓝宝石貂、十字貂、花貂等种类（图2-19～图2-21）。

图2-16　海狸

图2-18　水貂

图2-20　十字貂皮上衣

图2-17　漂白海狸皮编织上衣

图2-19　蓝宝石貂皮上衣

图2-21　花貂皮上衣

第三节 大毛细皮类裘皮

大毛细皮类裘皮属于高档毛皮，且毛皮张幅较大。其针毛较长，直而较粗，稠密，弹性较强，光泽较好，常呈多色节毛；绒毛长而丰足，色泽鲜艳，具有坚韧耐磨、板质轻韧、保温美观等优点，是有较高制裘价值的裘皮材料。主要包括狐皮、貉皮、猞猁皮、獾皮、狸子皮等，多半属于犬科和猫科动物的皮张。常被用来制作帽子、大衣、斗篷等。

一、狐皮

狐狸（Fox）：是食肉目犬科动物。颇具扩张感的狐皮，是常见的裘皮服装面料。由于地区和自然条件不同，狐狸的皮板、毛被、颜色、张幅等都因地而异。南方产的狐皮张幅较小，毛绒短粗，色红黑且无光泽，皮板寡薄干燥；北方产的狐皮品质较好，毛细绒足，皮板厚软，拉力强，张幅大，脊色红褐，肷灰白。优质的狐毛细密丰润，毛质富有弹性而充满动感，其各个部位均有较高的使用价值（图2-22）。

狐皮有多种天然颜色可供选择。

（1）蓝狐（Blue Fox），又称北极狐，有两种基本毛色，一种冬季呈白色，其他季节毛色加深；另一种常呈浅蓝色，但毛色变异较大，从浅黄至深褐。蓝狐是人工饲养史上较早养殖的毛皮动物，构成色彩狐育种的主要基因库。蓝狐皮常常进行染色处理，因为黑色的针毛尖无法着色，所以染出的效果比较柔和（图2-23）。

（2）银狐（Silver Fox），又名银黑狐，其针毛颜色有全白、全黑和白色兼黑色三种。通常情况下，毛皮色彩丰富，极易打动人，所以多用其自然本色，但也可以根据流行趋势将其进行染色加工。狐皮丰盈飘逸，穿上身后走起来动感十足，故在20世纪30～40年代

图2-22 狐狸

图2-23 染色蓝狐皮领水貂皮上衣

极受追捧，多年来其售价一直居高不下（图2-24）。银狐是狐皮中的珍品，中国古代即有“一品玄狐，二品貂，三品穿狐貉”的说法，足见其珍贵。

（3）白狐（White Fox），较一般狐狸的个头小。白狐有很密的绒毛和较少的针毛，尾长，尾毛特别蓬松，尾端呈白色。因白狐的毛色非常纯，除保留原色制作服饰外，还适合染成各种靓丽的色彩（图2-25、图2-26）。

（4）红狐（Red Fox），又名赤狐、火狐狸，是狐属动物中分布广、数量多的一种。红狐的毛色变异幅度很大，标准者头部、躯干、尾部呈红棕色，腹部毛色较淡呈黄白色，四肢毛呈淡褐色或棕色，尾尖呈白色（图2-27）。

（5）银蓝狐（Blue Frost Fox），又名蓝霜狐，是银狐与蓝狐交配而得的一个毛色变种。它同时具有银狐的黑色针毛和蓝狐的丰厚底绒，但与银狐相比，其针毛略短，是市场上主要的高档毛皮之一（图2-28）。

上述狐皮都处于裘皮家族中的掌门地位。此外，较为名贵的种类还有棕白花纹的大理石狐皮（图2-29），有由赤

图2-24　银狐袖上衣

图2-26　染橙色白狐皮背心

图2-25　白狐皮背心

图2-27　红狐皮大衣

图2-28　银蓝狐皮背心

白狐和赤狐、银狐或影狐杂交而成的十字狐皮（图2-30）以及色带金黄的金岛狐皮（图2-31）等。

传统的裘皮固然风华绝代，但是时尚潮流的简约化、休闲化和年轻化使休闲类的裘皮大行其道。比如狐皮里的灰狐皮（图2-32）和沙狐皮（图2-33），由于外观的平易近人，更多地被应用到时尚休闲的设计作品中，可以与牛仔装、羽绒服等休闲装随意搭配。

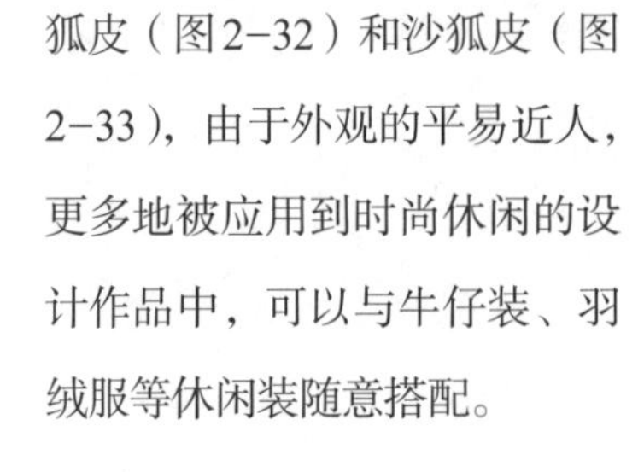

二、貉皮

貉子（Raccoon）：又名狸、土狗、土獾、毛狗，是哺乳纲、食肉目，犬科。貉子体背和体侧毛均为浅黄褐色或棕黄色，背毛尖端为黑色，吻部为棕灰色，两颊和眼周的毛为黑褐色，从正面看为“八”字形黑褐斑纹，腹毛浅棕色，四肢浅黑色，尾末端近黑色（图2-34）。

貉皮特点是针毛的峰尖粗糙散乱，颜色不一，暗淡无光，但拔掉针毛后透出绒毛，突然变色。绒毛如棉，细密美观，皮板厚薄适宜，坚韧耐拉。貉子的毛色因地区和季节不同而有差异，美洲产的貉子个头较小，而我国产的貉子个头大且底绒丰厚、针毛长。虽然其针毛有些粗糙散乱，但却是颇具

图2-29　大理石狐皮领边上衣

图2-31　金岛狐皮领

图2-30　袖采用十字狐皮的上衣

图2-32　灰狐皮编织围巾

图2-33　沙狐皮拼獭兔绒围巾

休闲感的裘皮，是近几年的流行风向标（图2–35）。

三、猞猁皮

猞猁（Lynx）：又名猞猁狲、马猞猁，属于国家二级保护动物。猞猁脊背的颜色较深，全身都布满略微像豹一样的斑点，这些斑点有利于其隐蔽和觅食。毛色变异较大，有乳灰、棕褐、土黄褐、灰草黄褐及浅灰褐等多种颜色（图2–36）。

猞猁毛被华美，绒毛稠密，峰毛爽亮，皮板有坚韧的拉力和弹性，保暖性强。我国毛皮业常依毛色将国产猞猁皮分为两种，即“羊猞猁皮”和“马猞猁皮”。猞猁皮是直毛细皮中比较珍贵的品种，其自然的斑纹和色泽颇受设计师喜爱（图2–37）。

四、狸子皮

狸子（Palm Civet）：又名豹猫、山狸、野猫、狸猫、麻狸、铜钱猫，许多台湾民众则习称为石虎。狸子的毛皮也有很多种颜色：南方的狸子皮为黄色，北方的狸子皮则为银灰色。狸子胸部及腹部是白色。狸子皮的斑点一般为黑色（图2–38）。

狸子皮的毛峰光泽好，周身花点黑而明显，底色呈黄褐色，毛绒细密，常拔针毛后使用，其花斑如镶嵌的琥珀，绚丽夺目。狸子皮是野生细毛皮中产量较大而廉价的皮货（图2–39）。

图2–34 貉子

图2–36 猞猁

图2–38 狸子

图2–35 貉皮长衣

图2–37 猞猁皮搭紫貂皮领袖中衣

图2–39 狸子皮中衣

第四节 其他裘皮

其他裘皮材料属于皮质稍差的中低档毛皮，主要介绍羊皮和兔皮两种，可用来制作帽子、大衣、背心、衣里等。

一、羊皮

羊皮为牛科动物山羊或绵羊的皮。由于产地的地理、气候、饮食条件不同，通过杂交改良而得到的品种各异，毛皮的质量及用途也有所不同。山羊全身为粗直短毛，毛色有白、黑、灰和黑白相杂等多种（图2-40、图2-41）。绵羊为人们较早驯养的家畜，其被毛具有两层：外层为粗毛，可蔽雨水；内层为纤细的绒毛，借以保温。但改良品种仅有内层的绒毛（图2-42、图2-43）。

通常“羊皮裘母贱子贵”，故羊羔皮是羊皮中较为昂贵的品种，如卡拉库羔羊（Karakul，图2-44），毛皮卷曲形成富有立体感和变化的图案，是非常名贵的裘皮面料，而最名贵的羊羔皮莫过于刚出生的小羔羊（Broadtail）皮，其毛皮十分柔软且轻薄。除此之外，还有许多羔

图2-40 山羊

图2-41 山羊皮背心

图2-42 绵羊

图2-43 绵羊皮大衣

羊皮被人们制成各式服饰，如波斯羔（Persian Lamb）羊皮（图2-45）、橡羔（Tianjin Lamb）羊皮（图2-46）、滩羔（Tibet Lamb）羊皮（图2-47）、口羔（Kalgan Lamb）羊皮（图2-48）等，不同的品种，毛的长度、卷密程度及毛型纹路也各异，它们自然弯曲的外观成为时尚的热点。除此之外，山羊猾子（Kid，图2-49）也属羔羊类，它是婴幼时期的小山羊，以1～3天羔羊剥制的皮张最为优质，毛细短且柔软，虽有天然花纹，但是不像绵羊的羔皮那般卷曲。

长成羊的皮毛也颇受人们喜爱，如滩羊（图2-50），其皮板如厚纸，柔韧轻便，毛穗纹似波浪，轻盈动人；还有直毛的金丝长山羊毛，毛皮均匀，富有光泽和弹性。长成羊的毛皮较长，用其制作的服饰，穿着轻便，极具动感，

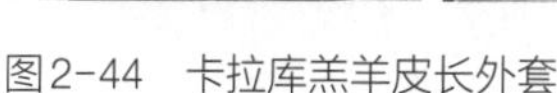

图2-44　卡拉库羔羊皮长外套

图2-47　蓝色滩羔羊皮手包

图2-45　棕色波斯羔羊皮民族风大衣

图2-46　橡羔羊皮配狐狸领上衣

图2-48　口羔羊皮背心

尤其长毛皮与短毛皮相搭配，更是国际上流行的设计手法（图2-51）。

图2-49　领、衣边采用红狐皮的山羊猾子外衣

图2-50　糖果色滩羊皮背心

二、兔皮

兔（Rabbit）：哺乳纲、兔形目全体动物的统称。兔的繁殖力很强，故生产成本较低，兔皮容易被大众消费者接受。兔皮毛色较多，毛绒厚而平坦，色泽光润，皮板柔软，是目前市场上最常见的裘皮原料之一。

常见的家兔由一种野生的穴兔经过驯化饲养而成，又名白家兔、菜兔。家兔毛色多为白色，针毛长、较易折损，毛绒较为稀疏，但色泽光润，皮板柔软，以东北产的家兔皮为优（图2-52、图2-53）。

（1）獭兔（Rex Rabbit），是兔家族里变异的品种之一，最早出现在法国（图2-54、图2-55）。学名力克斯兔，是一种典型的皮用型兔，因其毛皮酷似珍贵毛皮兽——水獭，

图2-52　家兔

图2-53　兔皮染色制革配银狐领外套

图2-54　獭兔

图2-51　染色山羊皮与水貂拼接大衣

图2-55　獭兔皮仿银丝鼠夹克和手袋

故被称为獭兔。獭兔的全身均为同质绒毛，毛质细密柔软，光亮如丝，皮板厚实，外观丰厚平整，弹性和保暖性好，手摸被毛有凉爽的感觉，常用于仿制银丝鼠皮、貂绒皮等。

（2）青紫蓝兔（Chinchilla Rabbit），又名山羊青，是一种优良的皮肉兼用和实验用兔，我国各地都有饲养。其毛色特点：每根毛分为三段颜色。耳尖、尾以及面呈黑色，眼圈、尾底及腹部呈白色。由于这种特殊的毛色很像原产于南美洲的珍贵毛皮兽——银丝鼠，故我国又称其为山羊青。青紫蓝兔毛被具有天然色彩，皮张幅大，毛绒丰厚，兼具银丝鼠的轻柔和獭兔的厚实，因而在兔家族里较为昂贵（图2-56、图2-57）。

图2-56 青紫蓝兔

除此之外，还有许多动物的毛皮可以制作裘皮服饰，如艾虎（Fitch）皮（图2-58）、灰鼠（Squirrel）皮等为不少时装设计师所采用。相信有一天这些珍贵的裘皮会从T型台走到生活中来，热衷时尚的人们会千方百计地寻找仿制品，来满足人们追逐时尚表现自我的需要。

图2-57 染色青紫蓝兔皮上衣

图2-58 染色艾虎皮上衣

本章小结

1. 裘皮原料可以按照采集裘皮的季节、裘皮的外观特征、裘皮的品质、动物的名称、裘皮的来源等不同方式加以分类。
2. 裘皮由动物毛皮的皮板和附着于皮板之上的毛绒两部分组成，毛绒决定裘皮材料的外观，因而成为区分各类裘皮的依据之一。
3. 大部分裘皮的毛绒分为针毛和底绒两层，它们共同构成流光溢彩的毛绒。针毛的长度、密度和光亮度成为决定裘皮质量等级的主要因素。底绒的毛厚密、柔软，比较短小、细腻，保暖性好，其密度和弹性也是决定裘皮质量等级的关键因素。
4. 习惯上将动物的毛皮分为头部、颈部、脊背部、肷部、座部、腿部（前腿部、后腿部）和尾部。不同部位的裘皮外观手感也各不相同。

思考题

1. 裘皮原料都有哪些分类方式？
2. 简述裘皮原料的结构。
3. 简述裘皮原料分级的标准。
4. 小毛细皮类裘皮、大毛细皮类裘皮和其他裘皮材料有哪些外观特征和服用特点？

3

第三章 裘皮材料处理与设计

学习目的

了解并掌握裘皮原材料的基本处理工艺、染色工艺、肌理设计及主要生产设备

本章重点

裘皮服装设计中各类染色工艺及肌理设计运用

一件精美奢华的裘皮服饰呈现在我们面前之前，都经过了哪些工序？时尚裘皮服饰的染色工艺都有哪些？裘皮材料的肌理处理和设计又是怎样的……作为设计师，在掌握裘皮材料分类知识后，还需要了解一些裘皮专业知识，这些知识有助于设计者更全面、更专业地了解和把握裘皮材料的特性，从而做好设计开发工作。

第一节 硝皮

设计师在进行服饰款式设计之前，首先要从原材料的设计入手。可以说，裘皮原料的加工处理是裘皮制品设计生产中至关重要的环节，其处理的好坏直接影响到裘皮的品质，因此有必要了解这些手法是如何“粉饰”裘皮的。

动物毛皮在用于服饰制作之前通常是未经过硝制处理的，习惯上被称为“生皮”，生皮带有动物的油脂，毛皮粗硬坚韧，且具有动物本身的气味。为使皮质柔软、无味且富有光泽和弹性，必须进行硝皮处理，使之成为可制成服饰的“熟皮”。皮革的鞣制叫硝皮，即用鞣质对皮内的蛋白质进行化学和物理加工，将生皮加工至熟皮。鞣制后的皮革既柔软、牢固，又耐磨，不容易腐败变质。所以鞣制后的皮革可用来制作各种日常生活皮制用品。以下将简要介绍怎样熟制加工动物毛皮。

一、加工鲜皮

因为采购和收集需要一个过程，所以通常动物的毛皮剥下后不会及时加工，需要对鲜皮进行预先处理，这是防止皮腐烂变质，保证熟制质量的关键工作。加工鲜皮首先是手工割去蹄、耳、唇、尾等，削去皮上的残肉和脂肪，然后用清水洗去粘在皮上的泥沙、粪便、血液等污渍（图3-1、图3-2）。鲜皮清理后，将带肉的一面向外挂在通风处或弱阳光下干燥，并经常翻动，直到晾至八九成干时，将其垛起来，上面用木板压平，使其平整，第二天再继续晾晒，直至干透。

二、干皮的软化及清理

将初加工过的干皮淹浸在常温清水中16～18小时，让皮板充满大量的水分，接近于鲜皮状态。然后用清水初步冲洗，去除脏污。再以洗衣粉或洗涤液浸泡洗涤10分钟左右。最后用清水漂净，捞出并沥干水分。应注意，用洗衣粉浸泡时需一边清洗污物，一边取掉皮板上的结缔组织。脂肪多的皮板可浸于35℃的温水中加洗衣粉洗涤两三次，但动作要快。晾晒时注意将皮板拉展，至六成干时即可进行下一步加工。

三、毛皮的熟制加工

毛皮的熟制又称硝制或鞣制，是把生皮转变为熟皮的加工工艺。下面介绍几种熟制方法。

（一）硝面熟制法

这种方法是我国传统的毛皮熟制方法，具有取料方便，产品柔软，毛被色泽较白，皮板的抗张强度较高的优点。但产品耐水和耐热性差，有臭味，适合生产量不大的熟制工作。

（二）明矾熟制法

明矾熟制法是一种较古老的办法，与硝面熟制法相比，其耐热性稍有提高，但耐水性仍不理想，皮板遇水会退鞣发硬。

（三）铝鞣

铝鞣也是古老的皮革鞣制方法之一。铝鞣后的毛皮颜色纯白、毛皮轻薄柔软、细致、出裁率高，而且对环境的污染较小，所以至今仍是毛皮鞣制的主要方法之一，被广泛地用于细皮的鞣制以及综合鞣制。

（四）铬盐鞣制法

毛皮若采用硝面熟制法或明矾熟制法均遇水退鞣，皮板发硬掉毛，而铬盐鞣制的成品则具有耐水、耐温、耐汗、耐老化等性能。铬盐鞣制自19世纪被发现以来，成为皮革的最主要鞣制方法，其工艺成熟，操作简单，加工成本适中，适用性广。

毛皮经鞣制后即可进行整理，其步骤：水洗→甩干→干燥→回潮→铲皮→检验。经过鞣制的裘皮对水、化学品及热作用的稳定性大大提高，牢度也随之增强。硝皮后的裘皮经过整理工序，就可以用于制作各式各样裘皮服饰了。

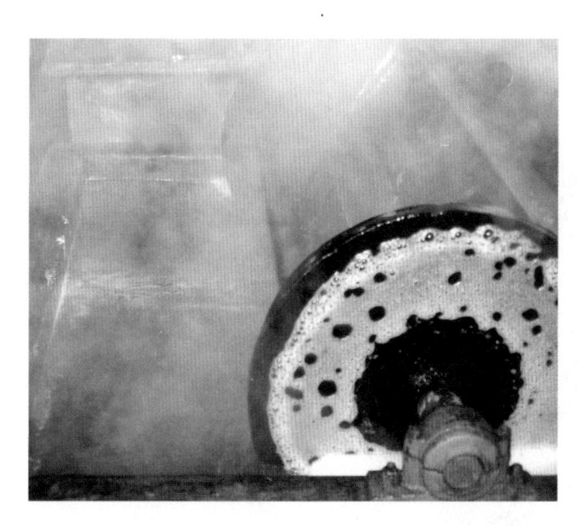

图3-1　清洗鲜皮

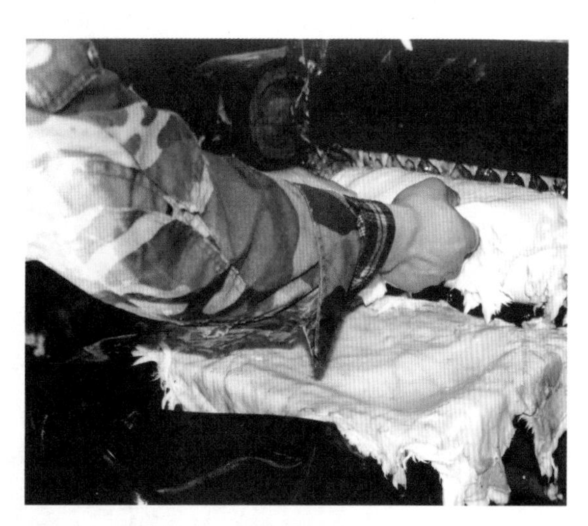

图3-2　去除生皮上的残肉和脂肪

第二节 染色工艺与设计

染色工艺是用化学染料来改变毛皮本身的颜色，使其呈现出改头换面、令人叹为观止的视觉效果。一方面裘皮染色受到时尚流行趋势的影响，另一方面高科技、新技术的运用以及不同行业间的相互影响和渗透也会促使裘皮业不断开发出个性化、时尚化的染色工艺。裘皮除简单的单色浸染工艺外，还有许多特殊的染法，如吊染、扎染、漂色等。

一、毛皮染色

（一）单色浸染

裘皮染色主要依赖化学染料来改变其原色。一些单色的原皮通过染色可以富有更加多变的外观。例如，白狐可以染成任何一种颜色，无论是亮色还是暗色；白色的兔皮、滩羊皮也同样适合染成各种浅嫩鲜亮的色彩。而一些动物毛皮本身是有纹路或是其针毛与绒毛的色泽深浅不一，如有着天然纹路的花貂、十字貂皮、十字狐皮等，以及毛色富有深浅变化的银狐皮、银丝鼠皮等，即使对它们进行单色浸染，也只能改变其原来底绒比较浅的部分，而比较深的纹路和针毛部分仍旧保留着原来的色彩（图3-3）。

图3-3 染单色十字貂皮大衣

（二）喷脊/喷色

通常，天然裘皮材料的脊背位置颜色比较深，即有着较其他部位颜色深的背纹。喷脊/喷色工艺是用压缩空气喷枪喷染的方法使背纹更加明显而突出。最初，这种工艺是为了用獭兔皮仿制银丝鼠皮而出现的。獭兔皮与银丝鼠皮质地相近，但色泽不同，价格相差甚远。用喷脊工艺可将獭兔皮仿制成银丝鼠皮的外观。后来，为增加变化，喷脊工艺不仅仅应用在脊背部，也可以用在脊背的两侧，或者横向喷。喷染的面积、位置、方向可以改变最终的外观效果。许多其他染色工艺常以喷色工艺作为基础。因此，这种工艺的出现可谓是献给设计师的一份厚礼，其创作空间随之加大（图3-4、图3-5）。

（三）草上霜

顾名思义，裘皮原料在经过此工艺处理之后，像是草上结了一层霜，因此而得名。这种工艺分为两个阶段：染色和拔白，即用草上霜染料统一染色，使其针毛与底绒的毛色一致，然后再将裘皮的毛尖部分用还原染料进行褪色处理，使之变白，这一工艺有点类似面料中用强碱等化学制剂进行的拔白处理。草上霜工艺的应用范围很广，水貂皮、獭兔皮等短毛的原料以及狐皮、滩羊皮等长毛的原料都可以应用。由于裘皮的根部与尖部颜色不同，能丰富视觉感受，令人过目难忘（图3-6）。

图3-4 用喷枪来喷色

（四）一毛双色

一毛双色工艺是先统染，然后将毛尖部分进行拔白处理，之后再染色。这有点类似生活中时尚年轻人漂染各色鲜艳的头发。不同之处是漂染头发时要先将本身较重的黑色漂去，然后再染上亮丽的颜色；而一毛双色工艺是先漂去统染过的或轻或重的颜色，再染其他颜色。其应用范围与草上霜工艺一样十分广泛，几乎可以在各种裘皮原料上应用。

从设计的角度看，草上霜工艺体现了任意颜色与白色的对比，色彩变化相对小；一毛双色工艺则可以根据设计需要选择两种颜色进行搭配，可以是有彩色与无彩色的搭配，也可以是两种有彩色或是两种无彩色的搭配，可以是毛根部颜色深，毛尖部颜色浅，也可以是毛根部颜色浅，毛尖部颜色深，设计变化更为丰富。一块毛皮，两种色彩，哪怕是再简单的款式，也让人百看不厌（图3-7）。

图3-5 獭兔皮喷脊夹克

图3-6 草上霜狐肷饰边外套

图3-7 一毛双色橡羔羊皮上衣

（五）幻彩

幻彩是通过喷染达到多色效果的染色技术。由于染出来的颜色多变，可以产生如烟似雾的梦幻般视觉效果，因此得名“幻彩”。幻彩工艺首先是将整张裘皮材料染成一种基础色，如红色、绿色、蓝色等，然后在基础色上喷染两种以上的颜色。喷染只染到裘皮的毛尖部分，而原有基础色的毛根部分仍旧保持原色。幻彩工艺的色彩搭配可根据设计需要来选择，通常选择较为艳丽的几种颜色相搭配。由于是手工操作，每次染色不可能完全一致，外观较难控制，所以需要在不一致中选择相对一致的材料进行搭配，这样，成品的外观才均匀。幻彩应用的范围也很广，不过经这种工艺处理后的裘皮原料会与原本的色彩相差很大，与时尚流行中回归自然、本色的理念相悖，因此近两年不多见。不过，时尚的轮回总是让人摸不着头脑，而其缤纷的色彩能令人眼前一亮，展现出裘皮炫动活力的一面（图3-8）。

（六）漂色

世界上没有长成金色的水貂，也没有长成金色的银狐，但它们可以通过漂色工艺实现（图3-9）。漂色工艺是用漂色的药水褪去裘皮原有较重的颜色，如黑色、咖啡色等，漂出或深或浅的金色或乳白色。经验颇丰的专业技师可以通过调节药水的浓淡、漂色时间的长短等方法来控制最后成色的深浅。这种工艺通常用在本色为黑色、咖啡色的水貂皮、银狐皮、貉皮、海狸皮等原料上。时装舞台流行各种金色，因此受到流行影响的漂金色裘皮也令漂色工艺拥有惊人的曝光率（图3-10）。

当然，为获得更浅一度的金色，可以用漂白工艺来处理，经过漂白后的裘皮颜色比较均匀。本身是深色的裘皮也可以漂白，使其褪掉原有的深色，变成比较自然的米色或白色，然后依照设计需要再染成其他的颜色（图3-11）。不同深浅的裘皮原色，褪色后的色彩感也不尽相同，这需要专业的染色技师合理调整和把握。

（七）印花

印花是近几年比较流行的染色工艺。其最大好处是可以遮挡瑕疵，裘皮的接缝、毛分不均匀、色差等都被印上的图

图3-8 幻彩獭兔皮

图3-9 漂金貂皮

图3-10 漂金银狐皮上衣

图3-11 漂色后再染色的银霜狐皮外衣

案所遮盖。裘皮印花工艺是通过丝网印的方式来印花，通常是将刻好的丝网图案附着于裘皮材料的表面，染料通过丝网的筛孔渗透到裘皮上与被遮挡的颜色形成图案，多用于毛皮较短或是经过剪毛工艺处理的裘皮。印花工艺可以增强裘皮材料的视觉装饰效果。许多不能使用的珍稀动物身上具有独特的纹路，如性感的豹纹、野性的斑马纹，可通过印花工艺出现在我们的服饰上（图3-12、图3-13）。

（八）扎染

裘皮扎染工艺与传统的纺织面料扎染工艺接近，操作时先将待染的裘皮按照所需形状捆扎，然后浸染。由于被捆住部分不能上色，从而形成比较自然的随意性图案。这种染色工艺要求图案富有层次，同一色调要有深浅过渡，例如外层的颜色是深紫色，内层的颜色就为浅紫色。内外层可以选择不同的色调。当然，这样复杂的染色工艺需要经验丰富的技师根据不同染色需要来配置染料和制剂，从而获得理想的扎染效果（图3-14、图3-15）。另外，在扎染工艺的基础上，人们还设计出渐变过渡的染色效果，通常多用在水貂皮大衣上（图3-16）。

二、皮板染色

除毛皮部分可以进行染色处理以外，皮板也可以染色。通常情况下，毛革两用

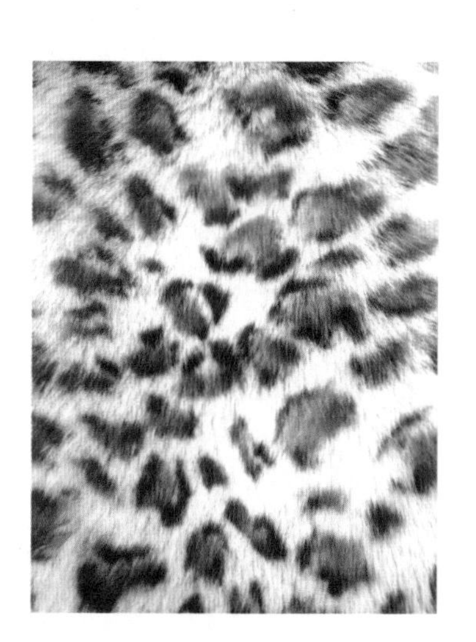

图3-12 性感的狐皮印豹纹

图3-13 印花狐狸肷仿制猞猁皮披肩

图3-14 扎染大衣

的产品需要将皮板进行染色处理，为达到毛皮面与皮板面呈现出不同的色彩效果，可以采用分开染色的处理办法。皮板染色所使用的染料与毛皮染色所使用的染料不同，但采用的工艺比较接近，如浸染、喷染、印花、扎染等（图3-17）。

浸染是将整张毛皮浸泡在专用染皮板的染料内，使其上色均匀的同时不污染毛皮部分。天然毛皮的皮板通常为本白色，因此可以染成任何一种颜色，并获得较好的染色效果。喷染是通过喷枪将配置好的染液喷到皮板上，使其均匀上色。印花工艺和扎染工艺可以获得更富有变化的色彩效果。毛皮印花是以丝网印的方式印在毛皮的表面，而皮板印花则主要采用覆膜印花的方法，通常是将有图案的薄膜覆在裘皮的皮板面，通过机器热压，将薄膜上的图案转移到皮板上，类似于时装面料中的转移印花。多样的皮板染色处理使得裘皮原料变化无比丰富，给了设计师更多的选择，毛皮面与革皮面的色彩搭配、图案搭配都成为设计点，这让原本深藏在内的裘皮皮革面有更多露脸的机会（图3-18）。

图3-15　将皮草与扎染工艺相结合的Dior 2021度假系列

图3-16　渐变染色水貂皮大衣

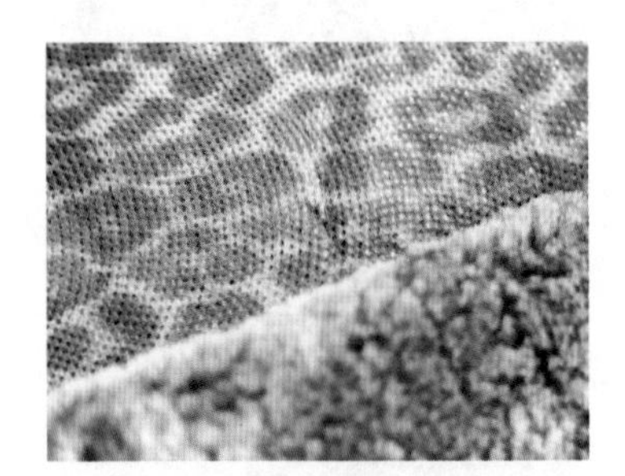

图3-17　皮板印花

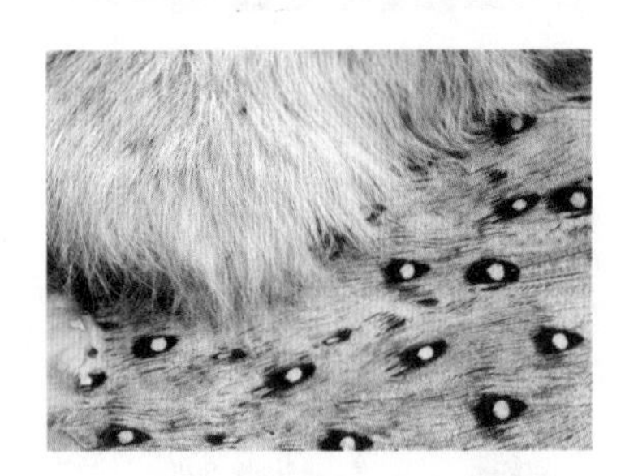

图3-18　覆膜印花的兔皮皮板

第三节 肌理设计

大概是从时装的创作中得到启发，某些裘皮原料的加工处理类似于面料时装中的材料再造，是通过一定的工艺使裘皮材料的原貌发生改观。设计师们利用各种材料、工具、手法、特技等创造出各种各样惟妙惟肖、无穷变幻的艺术肌理，从而成为一种新的视觉语言。常见的裘皮材料肌理处理工艺有以下几种。

一、拔针工艺

多用于水貂皮的处理，是用手工或机器将水貂的针毛部分连根拔净，只留底绒。这种工艺需要质量上乘的貂皮，即绒毛要比较细密。拔针后的水貂皮表面不如剪毛齐整平滑，但很好地保留住底绒，手感柔软且顺滑。拔针后的水貂成为我们爱不释手的“貂绒”（图3-19），呈现出裘皮含蓄优雅的外观。拔针后的水貂皮仍可以染不同的色彩，比未经拔针处理的水貂皮要穿着轻便。

目前，拔针工艺不仅用于水貂皮中，也用于家兔皮中以仿獭兔皮，既可以改善家兔皮的手感和外观，又能减少家兔皮掉毛的现象，使之便于编织或印染等。

二、剪毛工艺

剪毛工艺是用专门的机器将底绒和针毛剪成齐刷刷的平面，产生似天鹅绒的质感，表面平整，使裘皮服装重量减轻并且十分柔软。图3-20所示为拔针工艺与剪毛工艺的差别图，通过图片可以直观地看出这两个工艺之间的差别。水貂皮经过剪毛后外观与拔针相近，但是手感不如拔针工艺光滑，因为针毛的毛根还在，而且经过剪毛的水貂皮没有带针毛时如丝绸般的光泽感。通常

图3-19　染色貂绒皮大衣

剪毛的高度控制在5～12mm。剪毛工艺应用的范围比拔针工艺要广泛一些，可以在水貂皮、獭兔皮，甚至狐皮中应用（图3-21、图3-22）。

另外，运用剪毛工艺可以剪出各种纹路，设计师可以自由地选择花色和图案（图3-23、图3-24）。

剪毛工艺可以延伸为剪花。剪花工艺运用范围较广，几乎可以用于任意一种裘皮材料的表面。剪花有两种方法：一种是用专业剪花机器，按照设计需要有选择性地将裘皮表面剪成形状、高低不同的图案；另一种是采用化学制剂，先用设计好的丝网来控制图案的形状，然后用特定的化学制剂在丝网镂空处进行处理，即可得到凹凸不平的立体肌理效果。

三、镂空工艺

镂空是一种雕刻技术，经其处理的裘皮从外面看呈现完整的图案，但里面是空的或者镶嵌小的镂空物件。当代，镂空一词使用更加宽泛，时尚界用此表现针织或裁剪技术，镂空时装成为通透、性感的代名词。许多国际知名品牌都有自己经典的镂空款式，深受时尚人士喜爱。裘皮材料的镂空处理手法是用激光或手工切割的办法，使裘皮呈现出类似于蕾丝的镂空效果。尽管冒着不结

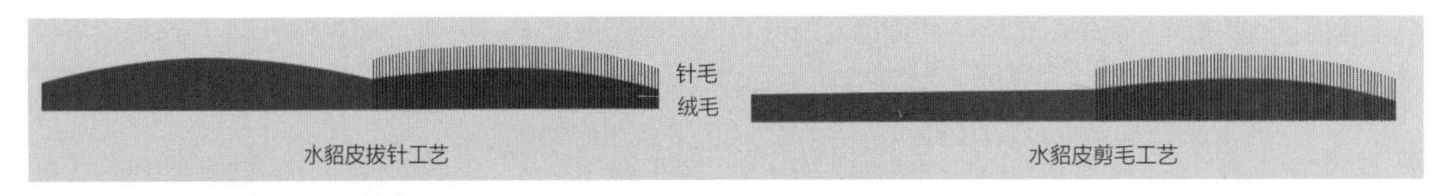

图3-20 拔针工艺与剪毛工艺差别图

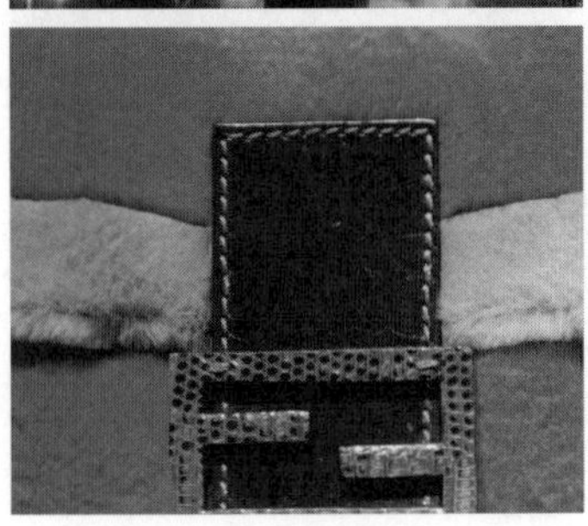

图3-21 剪毛水貂皮手包

图3-22 剪毛水貂皮配紫貂皮领外衣

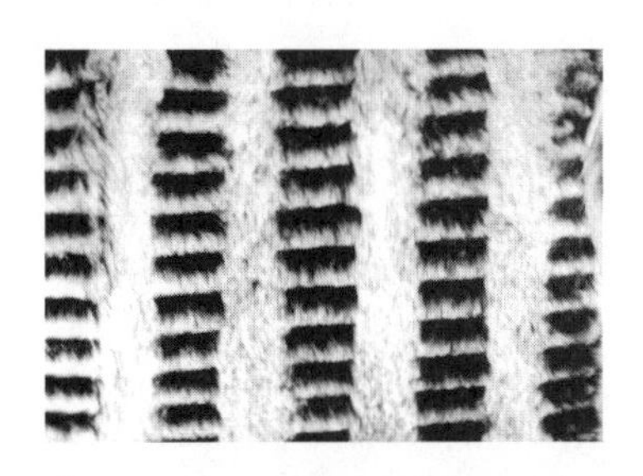

图3-23 草上霜獭兔皮剪花

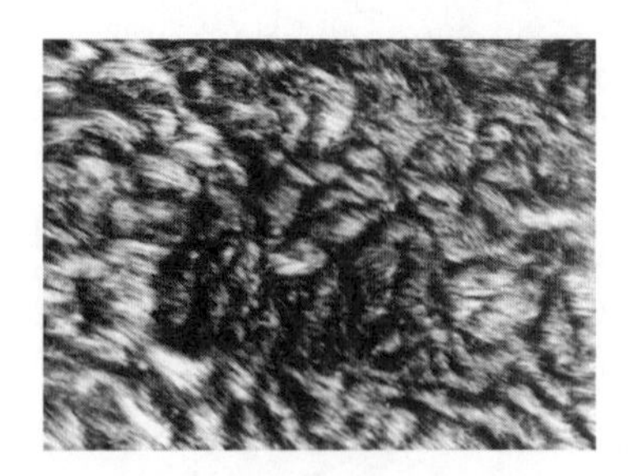

图3-24 剪毛工艺可以剪出各种纹路

实的风险，但是镂空工艺减轻了裘皮的分量感，迎合了裘皮轻薄化的风尚（图3-25）。

四、打褶工艺

与时装材料再造中的常见手法一样，打褶工艺是按照一定的规律，通过缝合将平整的裘皮缝出折痕，形成皱褶，或整理成褶裥或类似褶裥的效果。裘皮材料具有一定的厚度，因此，在打褶时褶皱的大小和密度往往需要格外关注（图3-26）。由于裘皮材料价格相对较高，这种方法不适宜大面积应用，但是打褶后有型、立体的效果让人无法拒绝，因此往往被用作领子或袖口等局部位置的装饰设计。另外，裘皮材料较重，如果整身应用会感觉厚重无比（图3-27）。

五、皮板修饰工艺

针对皮板面的肌理设计工艺主要有磨花、压花和激光刻花等（图3-28）。磨花是在染色后的皮板表面磨出不同的视觉效果，可以按照设计需要磨成所需的图案。压花是在毛皮皮板面增加类似褶裥、折痕等肌理效果的方法。激光刻花则是采用激光的方法将图案雕刻于裘皮的皮板面，达到修饰皮板的效果。

六、其他工艺

除上述工艺之外，还可以用强还原剂或强碱腐蚀裘皮表面的毛皮，从而形成图案，其化学原理是利用碱或还原剂来达到脱毛的效果，在裘皮行业中被称为“化学蚀花”（图3-29）。而利用激光将一部分毛皮烧掉从而形成立体的肌理图案方法，被称为“激光镭射蚀花”（图3-30）。

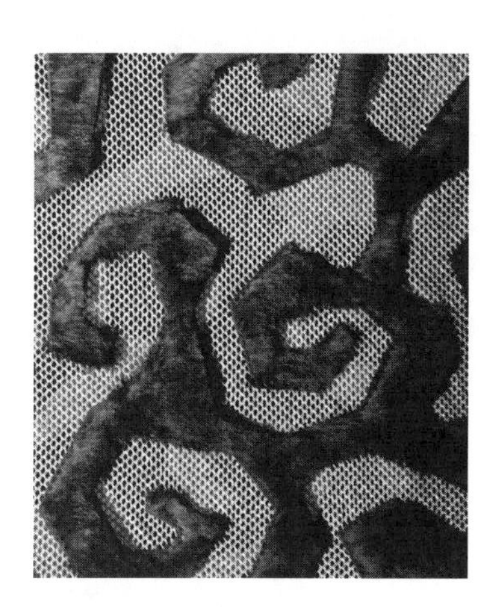

图3-25 水貂皮镂空

图3-27 有分量感的打褶裘皮上衣

图3-26 富有肌理感的打褶水貂皮

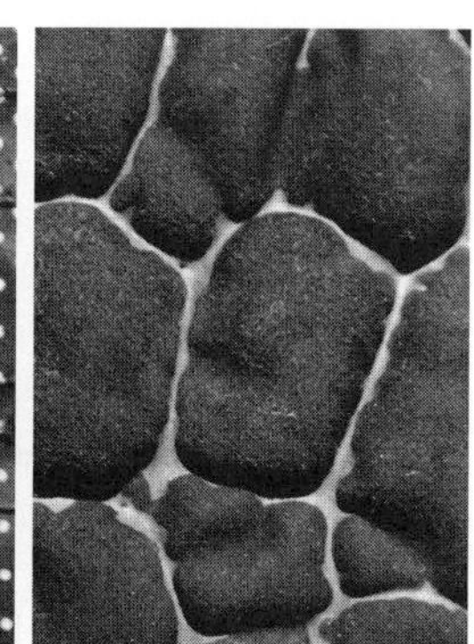

图3-28 多样的皮板修饰

图3-29　兔皮“蚀花”配狐皮领上衣

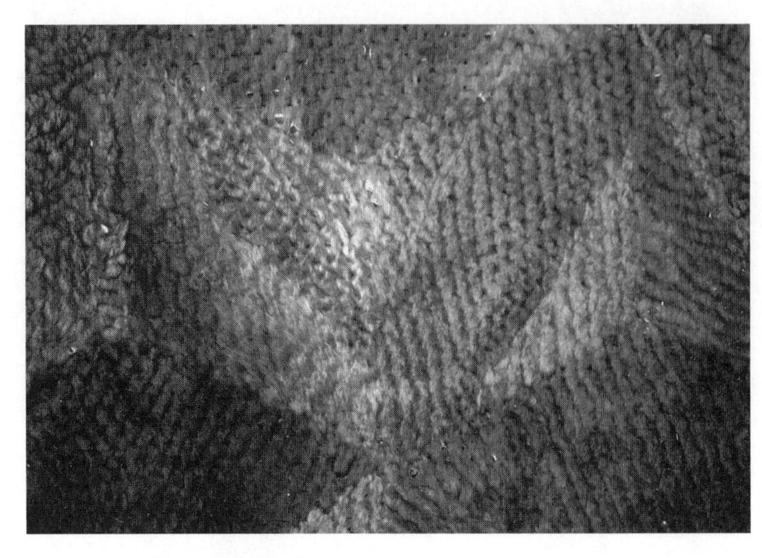

图3-30　“激光镭射蚀花”的兔皮

第四节 裘皮服装生产设备

裘皮工业的发展离不开裘皮机械，裘皮质量的优劣与裘皮机械设备的现代化程度密切相关。裘皮有着与纺织面料不同的工艺处理方法，因此也需要与之相匹配的生产设备。所谓“工欲善其事，必先利其器”，作为设计师有必要对裘皮服装的生产设备有所了解。裘皮服装的生产设备主要有两大类：裘皮材料加工机械设备和裘皮服装生产机械设备，以下将分而述之。

一、裘皮材料加工机械设备

裘皮材料的加工机械设备主要包括鞣制、染色、剪烫、梳理及裁制工艺的加工机械设备。

鞣制、染色工艺的机械设备主要有划槽、划池、洗皮机、抛干机、干燥机、转鼓、转笼、削匀机、去肉机、喷涂机、拔色机、踢皮机、拉长机、翻皮机、脱脂机、拉软机等。

剪烫、梳理工艺的加工机械设备主要有剪毛机、梳毛机、烫毛机、除尘机、磨革机、抛光机、皮革打光机、压花机等。

裁制工艺的加工机械设备主要有切条机、压衬机等。

二、裘皮服装生产机械设备

裘皮服装的生产需要特殊的生产机械设备，主要包括钉皮板、钉皮钳子、起子、裁皮刀、毛刷、毛剪、缝纫机等，每种设备有各自的结构和功能（图3-31、图3-32）。

图3-31　裘皮缝纫机

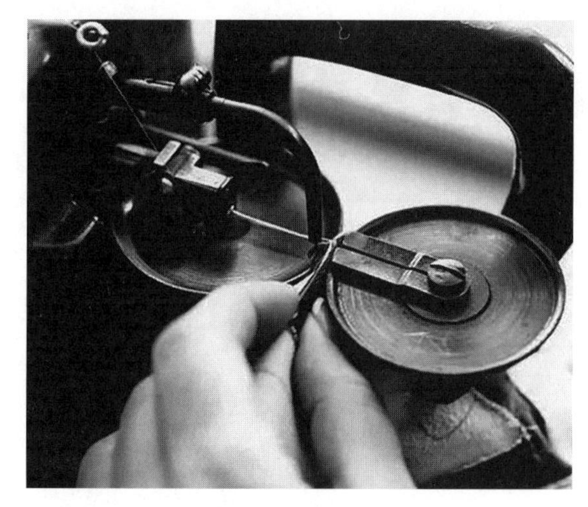

图3-32　裘皮缝纫机缝制示意图

本章小结

1. 皮革的鞣制叫硝皮，即将生皮加工至熟皮。它通过一系列工艺，并采用一些化学药剂，使牛、猪、羊等动物生皮内的蛋白质发生一系列变化，使胶原蛋白发生变性作用。鞣制后的皮革既柔软、牢固，又耐磨，不容易腐败变质。
2. 裘皮染色包括毛皮染色和皮板染色两个部分。
3. 裘皮设计师们利用各种裘皮材料、工具、手法、特技等创造出各种各样惟妙惟肖、无穷变幻、富有立体感的艺术肌理，从而成为一种新的视觉语言。目前，裘皮材料肌理处理工艺主要包括拔针工艺、剪毛（剪花）工艺、镂空工艺、打褶工艺、皮板修饰工艺等。

思考题

1. 裘皮原料的硝皮工艺需要哪些流程，在这些流程中需要注意哪些环节?
2. 简述常见的毛皮染色工艺与设计要点。
3. 简述裘皮肌理设计的几种常见工艺。

4

第四章　裘皮裁制工艺与设计

学习目的

了解并掌握不同类别、不同风格的裘皮裁制工艺与设计技巧

本章重点

传统裁制拼接工艺、创新裁制工艺、裘皮编织工艺的具体方法与设计要点

第一节 传统裁制拼接工艺设计

一件裘皮服饰不仅在原料阶段要经过数道工序的加工处理，而且在制作之前还要选择合适的制衣工艺，将一张张、一块块零散的毛皮拼合起来，形成完整的衣片，再经过一道道制衣工序，方能呈现在世人眼前。以下介绍几种常见的传统裁制拼接工艺：

一、抽刀工艺

传统的裘皮大衣常采用抽刀方法缝制。抽刀工艺通常应用在水貂皮、狐皮的制作中，是十分常见且颇具特色的传统裘皮裁制拼接工艺。动物的毛皮张幅是有限的，而每一张动物毛皮的针毛长短、底绒疏密以及毛色都有差异。在制作裘皮大衣时直接将皮张拼合起来，会让难看的接痕露出马脚。而采用抽刀工艺则可通过计算，将皮张均匀地分割拉伸到所需长度后再缝合，使毛皮脊背部的外观流畅、平整，更显优雅、柔顺。抽刀的具体做法是把裘皮切成V字纹或条纹的小条（水貂皮0.45～0.5cm宽条，狐皮1cm宽条），然后缝合，这样可以使裘皮更柔顺并能延展到适当的长度（图4-1）。

抽刀工艺有两种方式：一种是一般抽刀，水貂皮、黄狼皮等小张幅的裘皮常采用此种方式。一般抽刀以整皮的脊背中心作为中轴线，从中轴线往两侧以一定的斜度切割成V字纹或A字纹的平行小条，再根据需要改变毛条的倾斜度，并按照原来

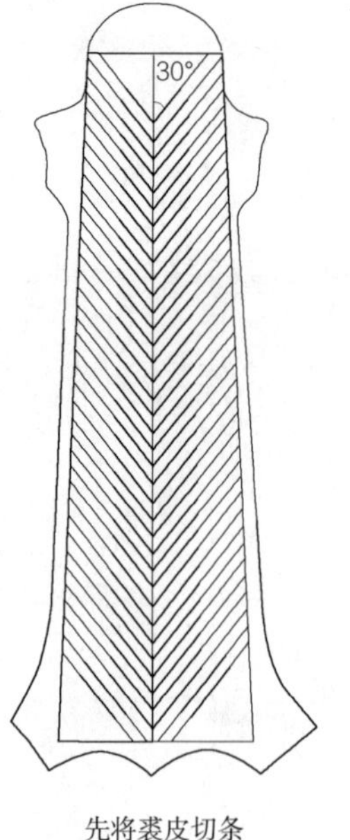

先将裘皮切条

调整V型或A型的角度后再重新缝合

图4-1 抽刀工艺示意图

的排列顺序重新拼合，形成比未抽刀前张幅更长更窄的形状（图4-2）。毛条的切割既可手工操作，也可以用机器来切条。另一种抽刀方式是对角抽刀，是将两块毛色相似的裘皮进行斜向分割后再改变倾斜角度的拼接方式。这样的抽刀方式会使毛皮脊背部的中线呈现出略微弯曲的走势。这一特点在深色的裘皮上表现得并不十分明显，但在浅色且脊背纹理清晰均匀的裘皮上就会产生不同方式的排列形式，形成新的图案效果（图4-3）。利用上述两种抽刀方式，设计师可以发挥自己的创造力，设计出各种颜色搭配和肌理效果（图4-4、图4-5）。

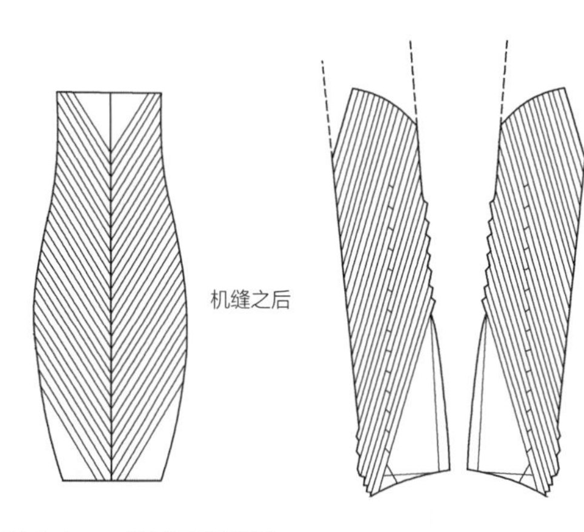

图4-2 一般抽刀工艺图

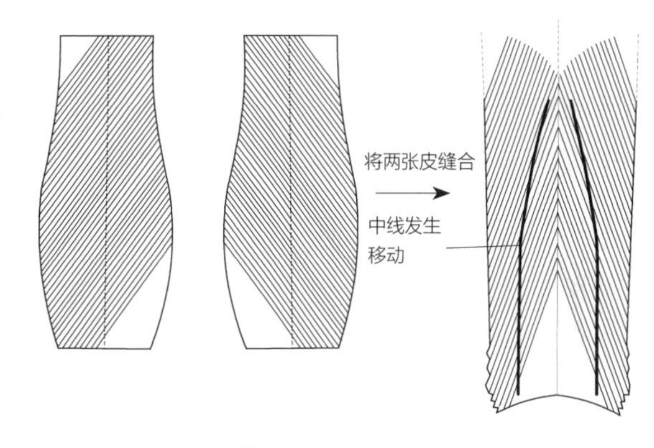

图4-3 对角抽刀工艺图

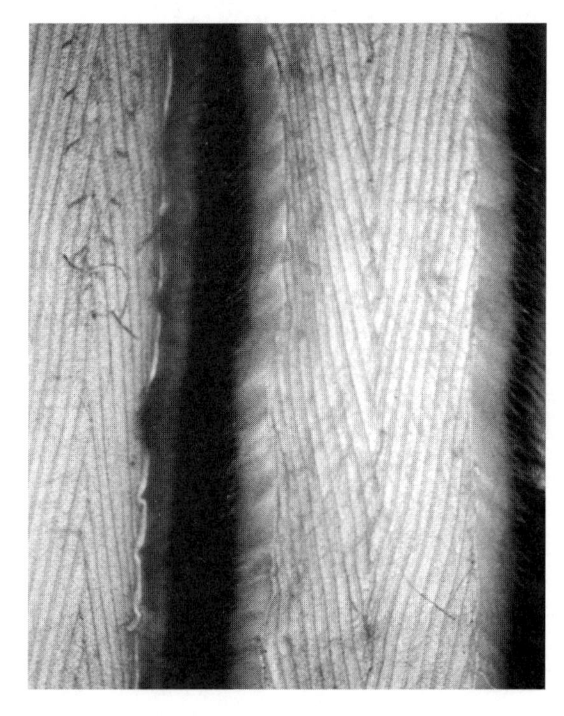

图4-4 抽刀工艺可使裘皮更柔顺并延展到适当的长度

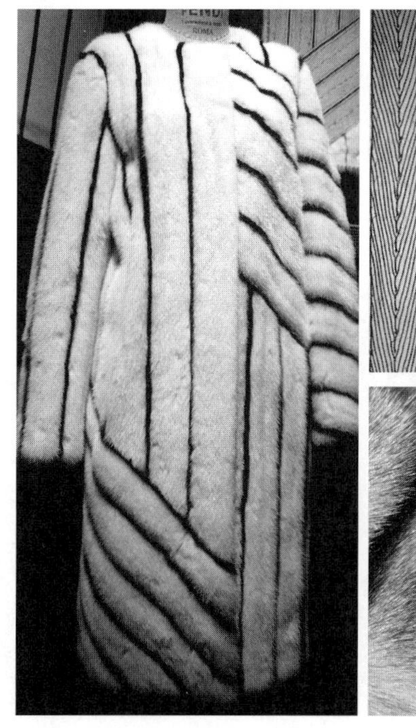

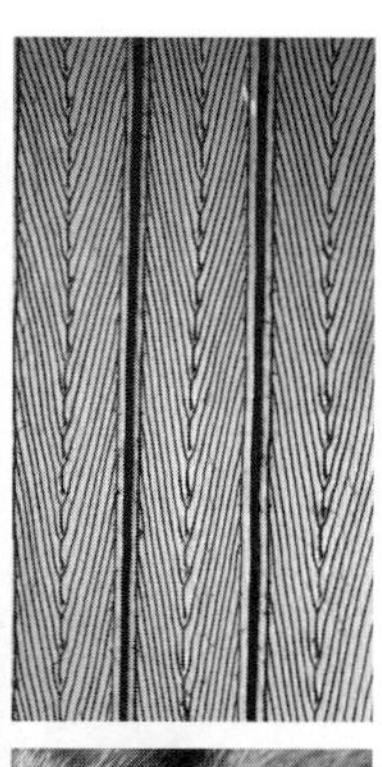

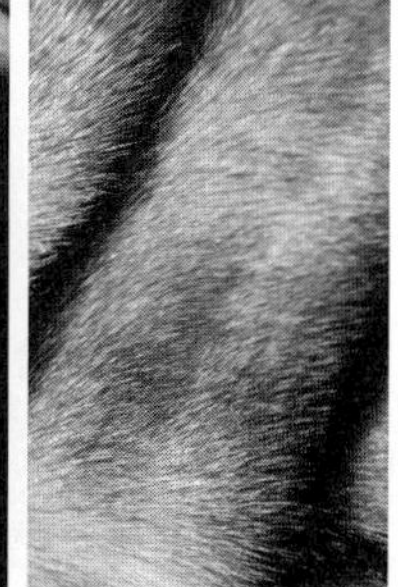

图4-5 水貂抽刀上衣

二、加革工艺

这是基于抽刀工艺变化出来的一种传统拼接方法，即在毛皮与毛皮中间嵌上皮革（布条或丝带），也被称为间皮工艺。这种缝制工艺可以减少裘皮的用量，降低原料成本，同时也可以减轻裘皮的分量感，使其更加轻盈柔软且颇具流动感和时尚感。

不同类别裘皮的毛长不同，再加入不同数量和不同宽窄的皮革，会产生不同的视觉效果，宽宽窄窄、高高低低，从而形成千变万化的层次感，让设计师充分享受裘皮设计的自由。如将水貂皮与狐皮混拼在一起，或者是选择同一类裘皮的两种不同颜色进行搭配，如将白色和黑色的水貂皮拼合在一起等。利用这种工艺，设计师可以设计出成百上千种不同的效果。不过要创造出满意的视觉效果，设计师需要充分了解各类裘皮的针毛长度，合理配置各部分的比例关系，并恰当把握配色（图4-6~图4-9）。

三、原只裁剪工艺

这是最为原始的裘皮拼接工艺，也是极为常用的工艺之一。原只裁剪工艺没有利用切割方法去改变裘皮的长度或宽度，而是将裘皮与裘皮直接缝合，工序相对简单。这种制作工艺的优点是能最大程度地保持动物皮毛的原始外观，块面大，整体感强（图4-10）。

尽管是做简单的拼合，设

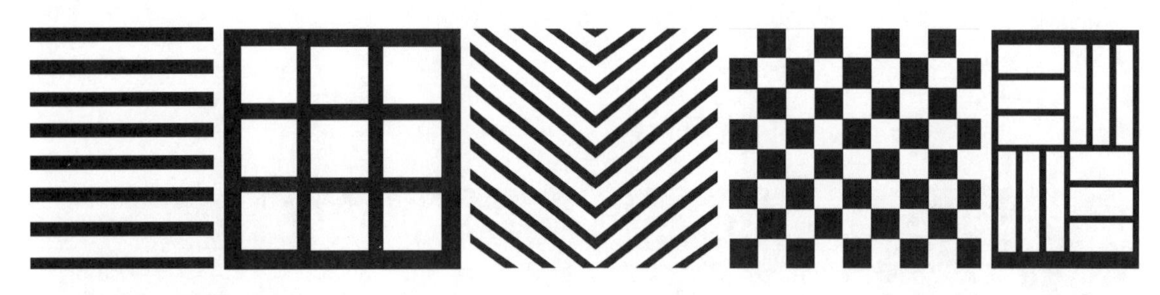

图4-6 加革工艺结构图

黑色部分代表加入的皮革，白色部分代表皮草的革面。

图4-7 不同种类的裘皮可以通过加革工艺混搭在一起

图4-8 加革银霜狐皮外衣

图4-10 獭兔皮原只裁剪配貉子领上衣

计师仍有施展才华的空间。如可以采用原只波浪形拼接方式（图4-11）及蜂窝形和人字形的拼接方式（图4-12、图4-13）。另外，在头与尾的拼接中，还可以设计直线、曲线、不规则形等拼合方式，可以选择平接，也可以选择相互交叠的拼接组合，以强调拼接缝合的动感和趣味（图4-14）。有时还可以在拼接处设计流苏或者串上皮条等进行装饰。

图4-9 加革银霜狐皮双面穿大衣

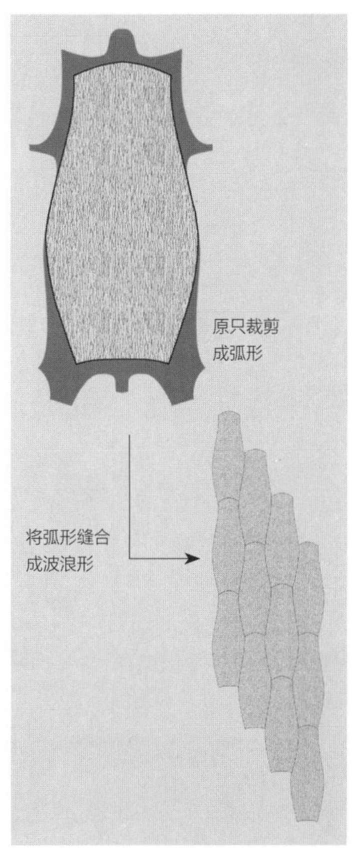

图4-11 原只波浪形拼接

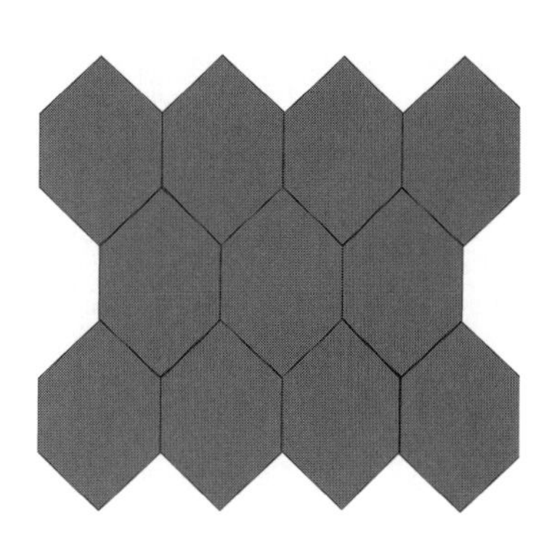

图4-12 蜂窝形拼接

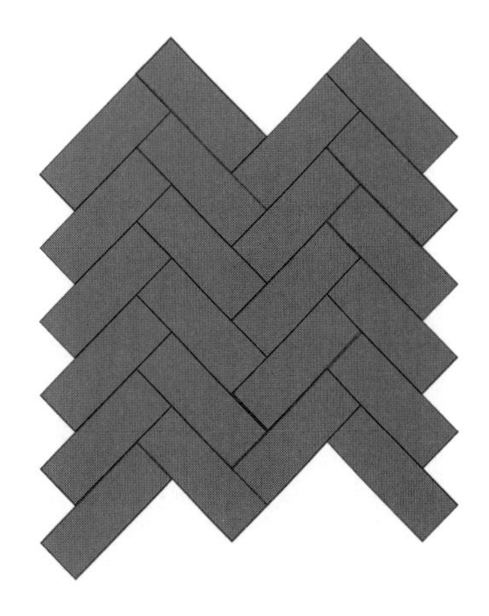

图4-13 人字形拼接

四、半只裁剪工艺

半只裁剪也是较为常见的毛皮拼接工艺，是将整张动物毛皮沿脊背中间一分为二，然后将脊与肷对齐后重新拼接起来。这种工艺利用动物脊背毛与腹部毛在长短、色泽上的差异来重新组合排列设计（图4-15）。由于动物毛皮脊背位置的毛皮与肷的毛皮在长短、色泽上差异较大，因此重新缝合后可形成宽条纹的视觉效果，产生很强的层次感（图4-16）。

图4-14 交叠拼接貂绒大衣

图4-15 半只裁剪工艺结构图

五、镶花工艺

镶花工艺是在裘皮上裁出设计好的图案，再用其他颜色的裘皮裁出同样大小的图案，将其镶补在之前空出的位置，从而在裘皮服饰上形成装饰图案（图4-17）。通常，在运用镶花工艺时，为了获得平整美观的效果，会对裘皮做剪毛处理。当然也可以利用不同毛的长短做出立体效果的图案。为节省原料，采用镶花工艺时，一般会设计成一式两件，利用镶花工艺中皮张被挖空的花形部位间的互补运用，使皮张达到阴阳效果，形成两件风格统

图4-16 银丝鼠皮半只裁剪饰领边大衣

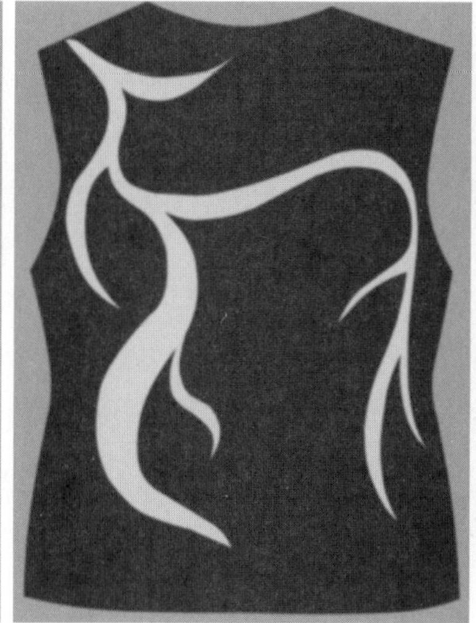
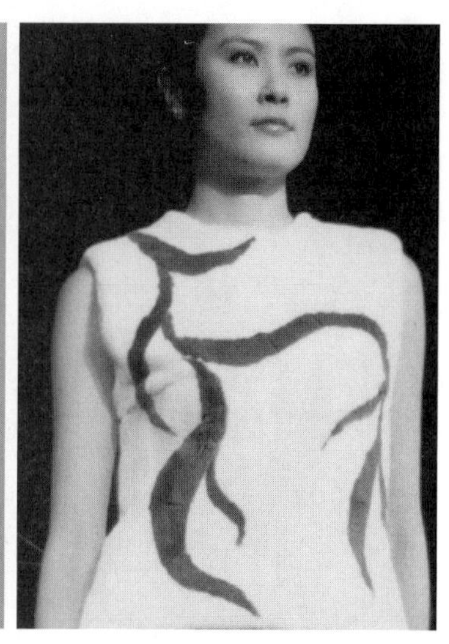

图4-17 镶花工艺图

一而外观有别的系列裘皮成品（图4-18～图4-20）。

六、褥子拼接工艺

整张裘皮脊背部的毛皮固然好，但是剩余的边边角角也不能浪费。利用褥子拼接方法可以将裘皮的边角碎料分类整理，再拼接成宽50～60cm、长120cm的裘皮面料，而后直接裁料并制成服饰。通常行业内习惯将裘皮褥子固定为三个尺寸：60cm×120cm、52cm×107cm和45cm×105cm。貂皮的头

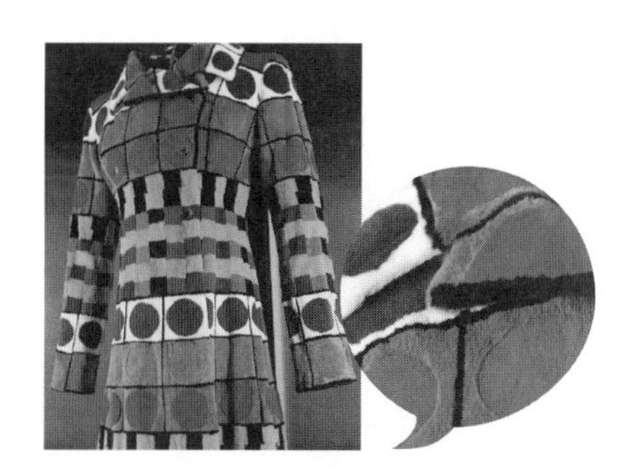

图4-18 镶花工艺貂绒大衣

图4-19 镶花工艺貂绒手包

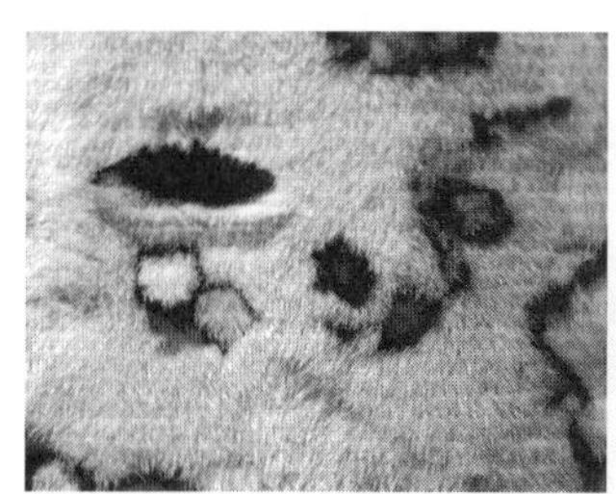
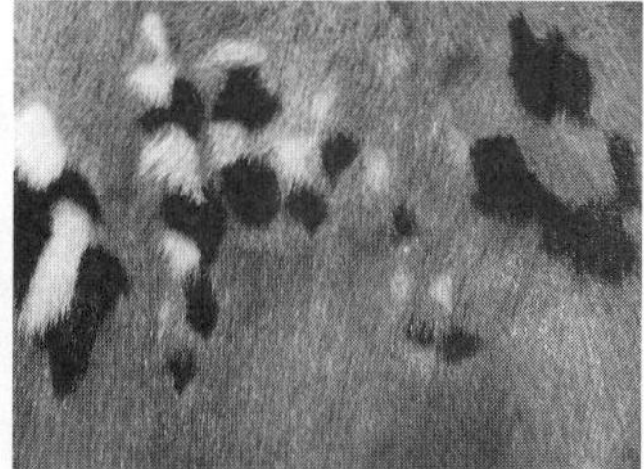

图4-20 镶花工艺裘皮面料

部、前腿部、后腿部、尾部或狐皮的头部、肷部、前腿部、后腿部等部位都可以进行拼接。由于这些碎料部位的毛在长短、色泽、薄厚等方面有较大差异，因而拼接后形成自然的纹理效果，虽然不比脊背部的皮质柔软、顺滑与轻盈，但却有着独一无二的层次感和肌理效果（图4-21）。

拼接好的褥子可以进行剪毛、拔针、染色、印花、编织等工艺处理，方便设计师的设计应用（图4-22、图4-23）。

图4-21 不同颜色的水貂腿皮拼接成的褥子

图4-22 水貂皮碎料与滩羊皮的混搭

图4-23 狐狸腿皮背心

第二节 创新裁制工艺设计

除传统的裁制拼接工艺之外，北欧世家皮草设计中心作为裘皮制作新工艺和裘皮服饰新理念的开创者，每年都会带来许多充满设计感的制作工艺，为设计师拓展设计思路。以下分别从网状效果工艺、立体效果工艺、间皮拼接工艺、间面料拼接工艺、双面穿工艺、流苏工艺、分割重组工艺、切除工艺、编结工艺、表面装饰工艺及花饰工艺来介绍创新裁制工艺设计。

一、网状效果工艺

（一）加宽工艺

加宽工艺是在水貂皮上通过做出网状的效果来延伸毛皮的宽度，从而形成一个表面富有肌理效果的全新外观（图4–24）。这个工艺特别适用于经过剪毛处理得比较柔软、灵活的裘皮材料，如貂绒等。制作时应注意延伸宽度要适量，以保证毛皮的耐穿性。另外，皮革面可以分开进行染色处理。

操作步骤：

（1）将皮张钉在木板上，根据皮张大小画好切割的纸样。设计分割时应注意设计需要、网的尺寸、毛头的大小等因素。因为动物颈部与臀部毛长不同，所以要分开设计。

（2）在皮板上画好分割线，进行切割。

（3）从裁切的位置进行横向分离。

（4）按照网的尺寸将它们进行拼接。

（二）延长工艺

延长工艺是抽刀工艺的一种创新形式，不仅可以延长毛皮的长度，令毛皮表面产生规则的肌理效果，还能使毛皮更加轻柔。这种工艺比较适合毛绒长度均匀的裘皮材料，如蓝狐等。该工艺可延长毛皮长度约60%，既可以增加毛皮的使用面积，又降低了原料成本（图4–25）。

操作步骤：

（1）将皮张钉在木板上，根据需要绘制好分割的线条。

（2）按照线条进行切割。

（3）从裁切的位置进行纵向分离。

（4）按照设计需要将其重新缝合。

（三）镂空工艺

镂空工艺是将水貂皮（或其他裘皮）的皮板面按照设计需要进行分割，然后按照一定规律缝合，可以获得更加轻盈柔软的效果（图4–26）。除图示的拼接外，还可以设计出不同的镂空分割线。用镂空工艺制作的裘皮成品可以缝制在不同的面料上，适合做成各类服饰配件。

操作步骤：

（1）将貂皮皮革面平铺于木板上，根据镂空设计需要进行分割。

（2）根据示意图上所标出

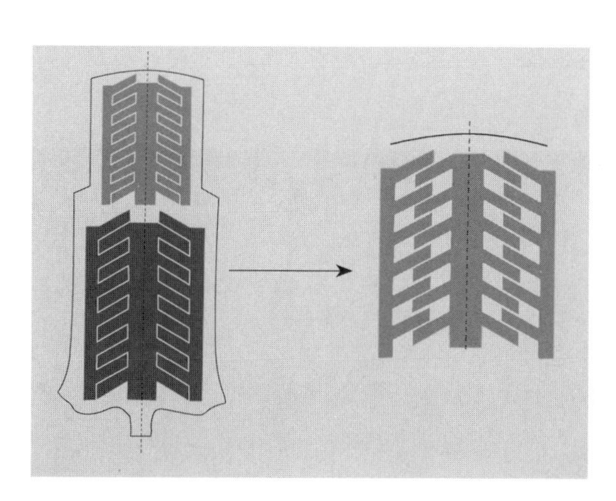

图4–24　加宽工艺图

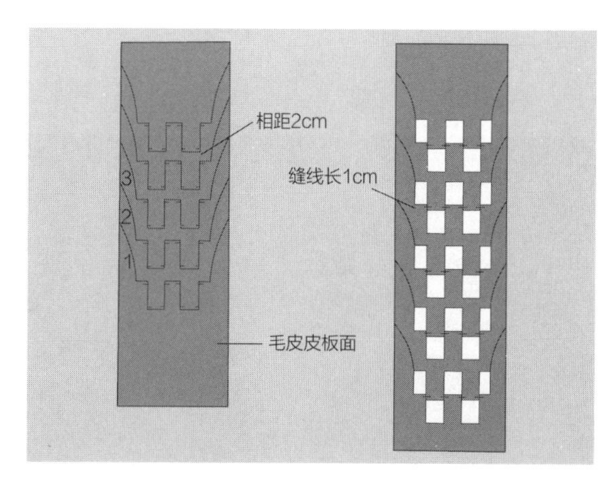

图4–25　延长工艺图

的数字两两拼接，成品的宽度会加宽3倍。

（四）气孔工艺

气孔工艺是将裘皮按规律切割后，拉开并定型，不同毛长裘皮的气孔切割尺寸会不同，毛长则切口也长。气孔工艺使裘皮变得极为柔软，能延展裘皮的长度（约增长1倍，不过宽度随之减少25%），达到省料、减轻分量感的目的，适合于底的裘皮，如狐皮、貂皮等（图4-27～图4-29）。气孔的切割有很多方式，如顺着毛皮基本中心线位置做横线切割、围圈式切割（图4-30）以及依照设计需要所做的局部切割等。气孔工艺适用于服装的局部（图4-31）及围巾等服饰配件，当然也可以用这种工艺来做整件衣服，只是在耐劳度方面略差一些。

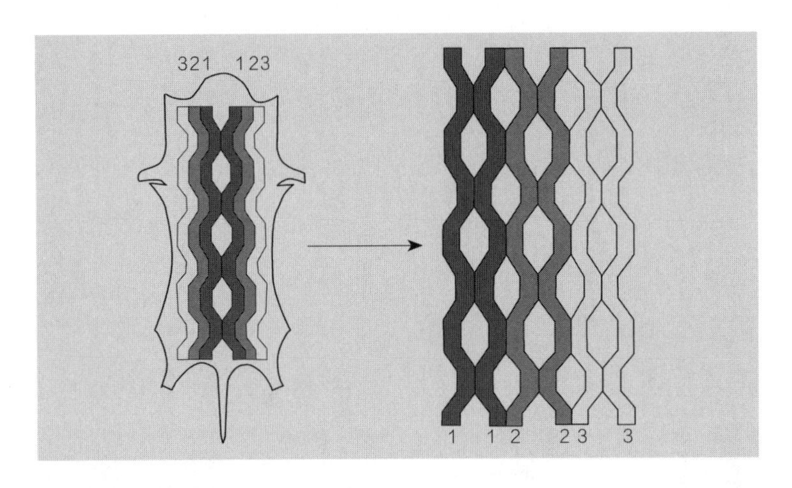

图4-26 镂空工艺图

操作步骤：

（1）将需要切割的裘皮钉在木板上，在皮板面拓出切割

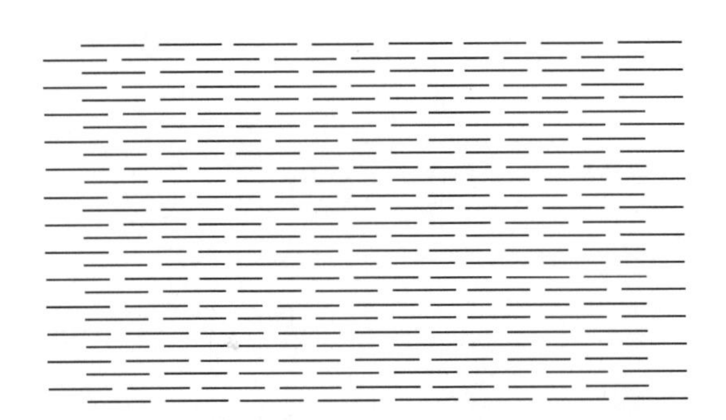
图4-27 气孔工艺图

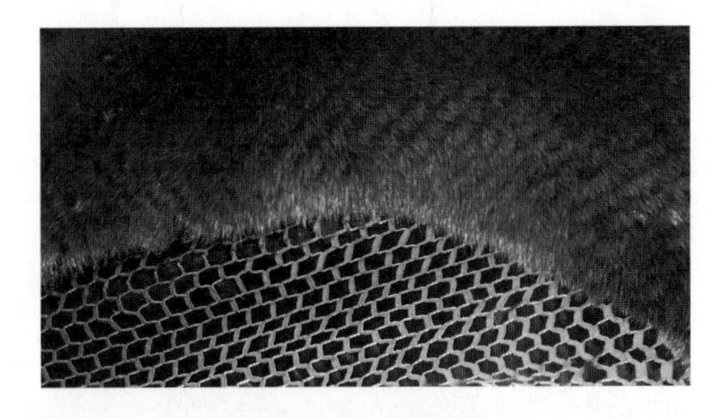
图4-28 气孔工艺适合底绒丰厚的裘皮

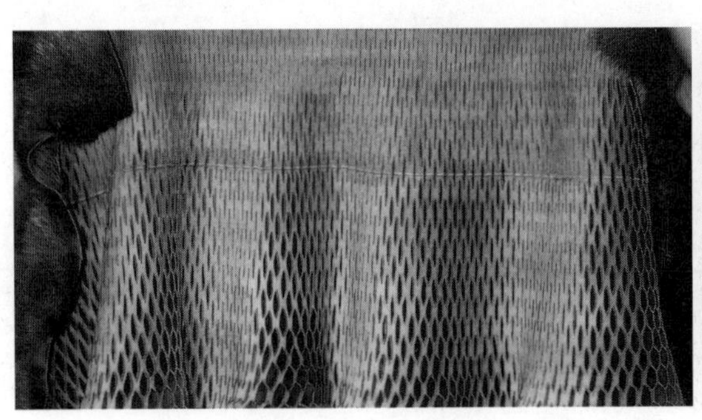

图4-29 气孔工艺令裘皮变得柔软且分量感减轻

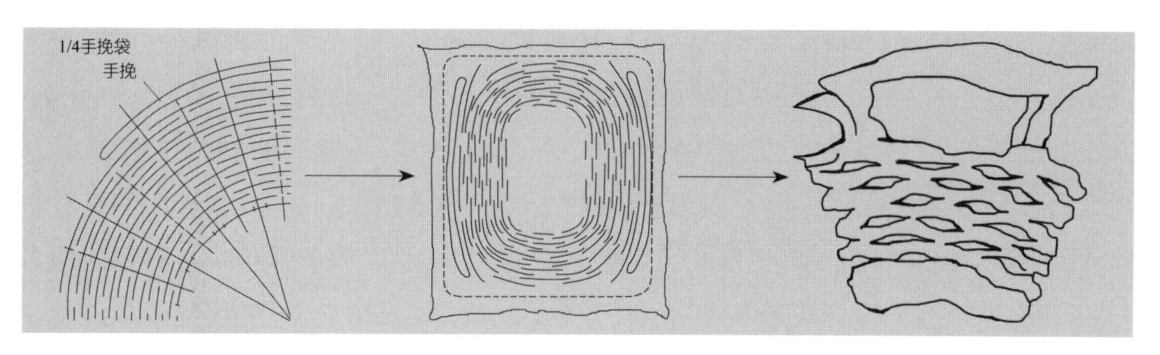

图4-30　围圈式切割气孔工艺制成的手提包

线条，线条之间的距离越小，其成品的拉伸效果就越大。

（2）将绘制好切割线条的皮板一一切开，注意不能切断。

（3）拉伸切好皮板后，在裘皮毛面可以看到由切口形成的若隐若现的肌理，按照所需的拉伸程度用黏合衬固定即可。

二、立体效果工艺

（一）泡状工艺

泡状工艺可以获得一种表面柔软，形成圆润饱满的泡状效果，迎合当下消费者对裘皮服装轻柔、舒适且富有变化的消费需求。用这种工艺制作服装时，尽可能避免对皮板进行过度拉伸，以获得更好的预期效果。泡状工艺适用于貂皮材料，貂皮样张的形状取决于整张毛皮的大小，也受到所需泡状效果的影响。因为，水貂皮的上部与下部毛皮比较均匀，形状也比较接近，因此整张毛皮都可以利用。设计时可以将毛皮的毛向以一顺一倒的方式排列，这样表面的肌理效果会更为突出（图4-32）。

操作步骤：

（1）在皮张的中心位置进行边缘为弧线的切割。

（2）将切割好的貂皮缝合，缝合后的皮板会出现泡状效果，毛皮面也会形成丰富的肌理效果。

（二）突起工艺

突起工艺可以在毛皮表面形成一个突起的效果，使其富

图4-31　以气孔工艺制成的银霜狐皮领袖及衣摆上衣

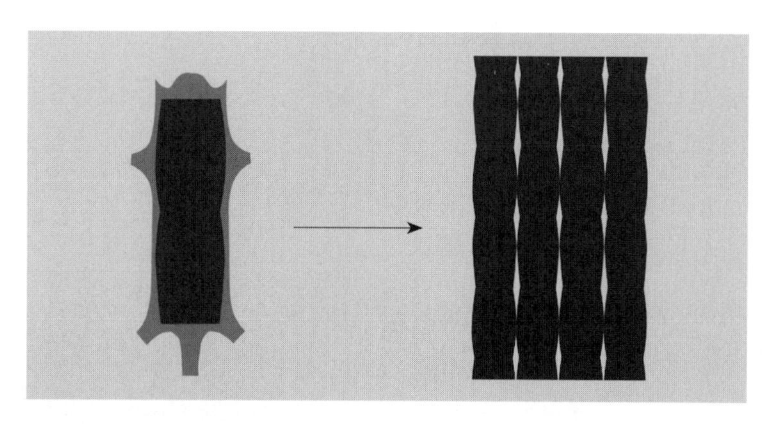

图4-32　泡状工艺图

于变化，呈现出柔和含蓄的装饰美感。突起工艺适用于经过剪毛处理的水貂皮或獭兔皮等，因为毛绒长度比较均匀，适合表现突出的装饰细节。此工艺适用范围较广，可以在服装上大面积运用，也可以在服装局部位置做小面积的装饰，还可以用在包、围巾、手笼等配饰上。

操作步骤（图4-33）：

（1）根据设计需要制作图案模板。

（2）在皮板上根据模板小心裁剪出图案的轮廓，并用同样的模板再裁一块革皮。

（3）将裁好的一块毛皮和一块革皮重新沿着裁剪线与整皮拼缝。

（4）在革皮中间剪一个小口，在里面填充适量的腈纶棉。

（5）用缝皮机将缺口缝合。

（三）3D效果工艺

3D效果工艺制作出来的成品如同海边被海水冲刷得浑圆的岩石堆，表面富有高低起伏、错落绵延的3D立体视觉效果。这种工艺适用于服装的局部位置，一般适合使用剪毛的水貂皮，可以获得更明显的效果（图4-34）。

操作步骤：

（1）设计好一个八角形模板，八角的每条边等长。

（2）将模板放在经过剪毛处理后的貂皮皮板脊背中心处，按照模板的形状切割毛皮。

（3）将整皮缺口的八个角的边两两缝合，这样皮板面会

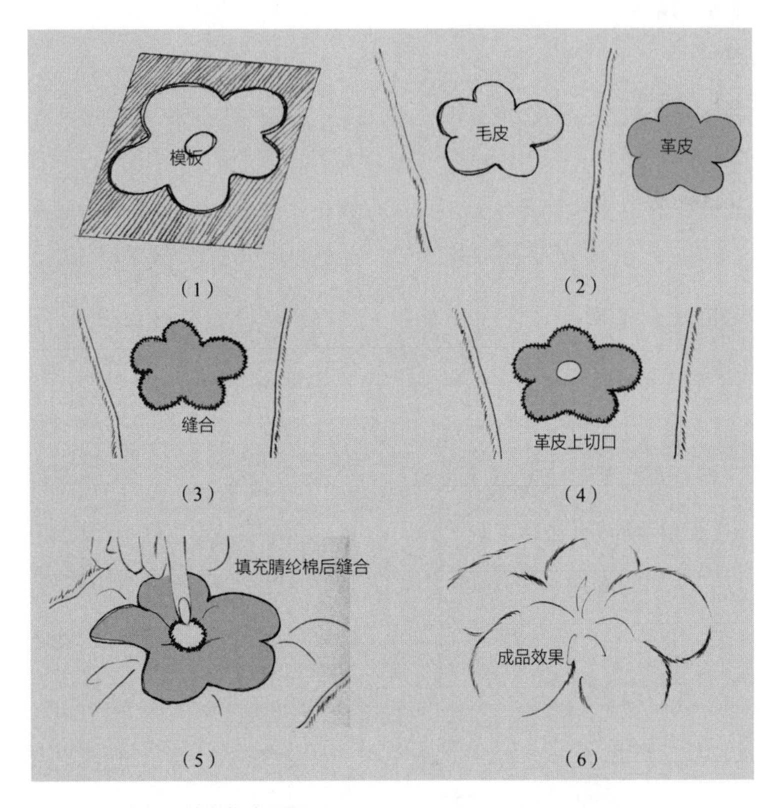

图4-33 突起工艺操作步骤图

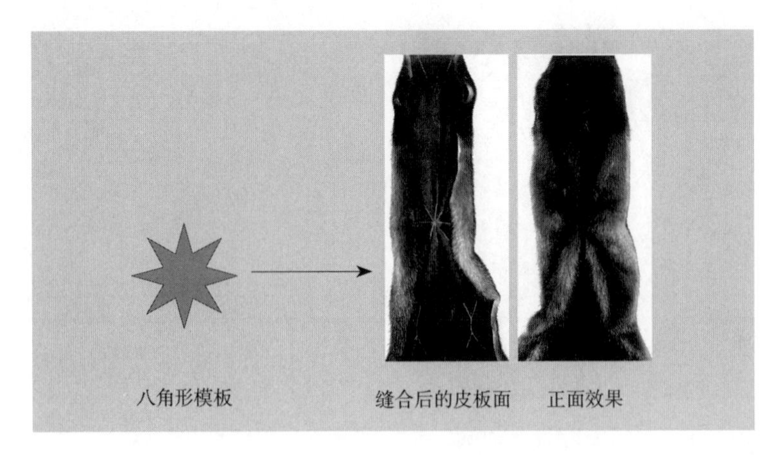

图4-34 3D效果工艺图

出现褶皱，而毛皮面则会呈现出相应的三维立体效果。

（4）按照一定规律继续切割数个八角形，依上述工艺步骤缝合后，毛皮表面将形成连成片的凸凹肌理。

（四）菠萝效果工艺

顾名思义，菠萝效果工艺是成品呈现出类似于菠萝皮表面的肌理。这种工艺的成品会比原皮宽度缩小将近一半，但长度不变。为了获得更鲜明的表面突起效果，该工艺比较适合用剪毛的水貂皮或狐皮来制作（图4–35）。

操作步骤：

（1）依照设计需要及皮张大小绘制菱形分割线。

（2）将整皮依照分割线切割成大小相同的若干菱形，将两个菱形中的两条边缝合，形成中间凸起的锥形。

（3）按照裘皮分割时的顺序将缝合好的菱形再拼接到一起，即可呈现出如菠萝皮表面的立体凸起效果。

（五）绞花工艺

绞花工艺形似毛线编织花型中的绞花，即俗称的麻花辫。绞花的长短、方向可以根据设计需要来调整。与上述立体效果工艺一样，该工艺也比较适合采用剪毛的貂皮来制作（图4–36）。

操作步骤：

（1）根据绞花模板的形状在毛皮脊背中心线处画出裁切线条，并沿着裁切线切割。

（2）将切割好的剪毛貂皮平置于操作台上，按照模板上绞花交叠的位置形状来匹配另一种剪毛貂皮。

（3）将匹配好的水貂皮分别缝制在皮板面相应的位置，再将绞花毛条按照原来切割的形状缝合。

（4）用若干铅笔在交叠的位置做定位记号。

（5）用蒸汽熨斗在毛皮的表面熨烫，即可获得绞花图案的肌理。

三、间皮拼接工艺

（一）马赛克工艺

马赛克工艺源于家居装饰中的“马赛克”镶嵌工艺，是将所选裘皮混搭不同类别的裘皮，再加入皮革、面料或丝带进行拼接设计。马赛克工艺至少可节约50%的裘皮用

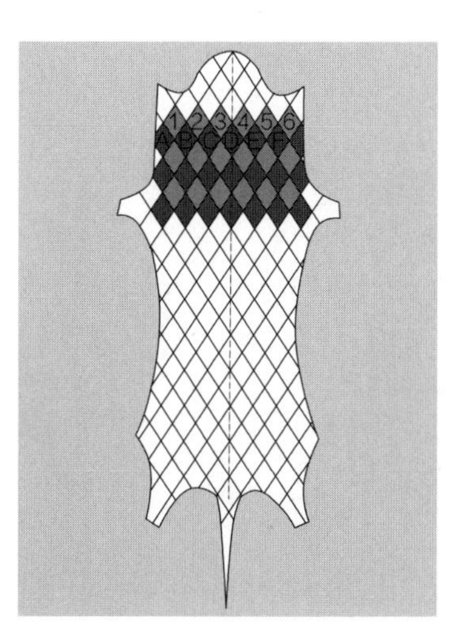

图4–35 菠萝效果工艺图

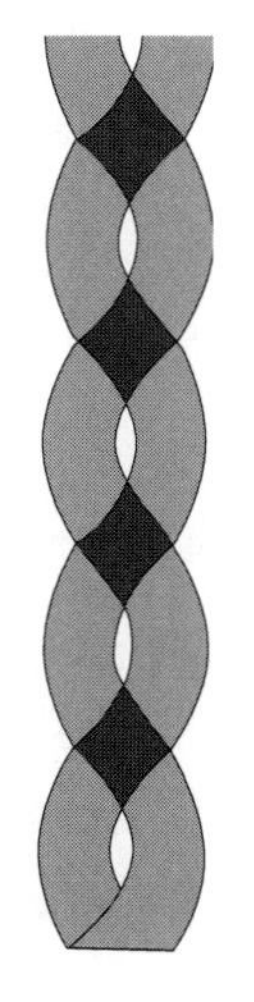
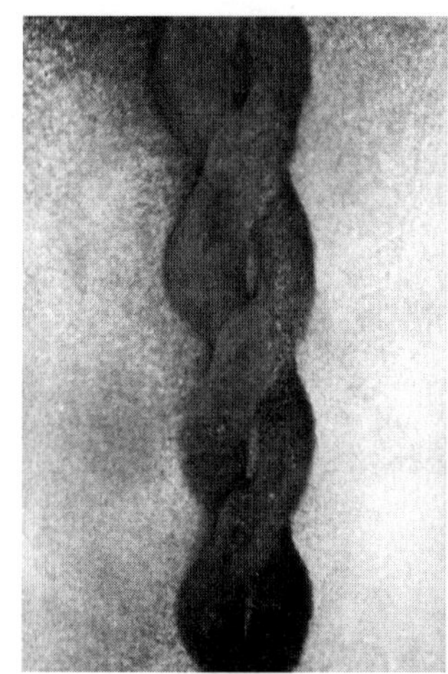
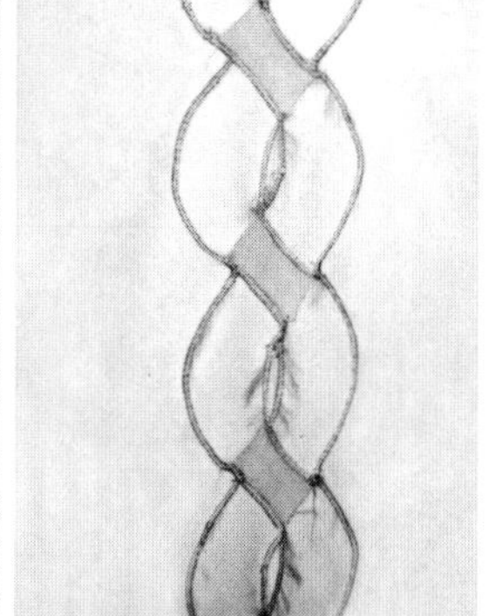

图4–36 绞花工艺图

料，在外观上不仅呈现全毛皮状，且不同的色彩、不同长短的裘皮搭配重塑了原本裘皮的视觉感受。马赛克工艺中裘皮切条以及加入皮革的宽度，应视设计需要进行调整（图4-37～图4-39）。

操作步骤：

（1）将完整的裘皮沿着动物脊背的方向切成1cm宽的长条。

（2）将这些长条与同样宽的皮革以1∶1的比例相间拼接。这个步骤是依照设计需要来调整，可以设计为不同的拼

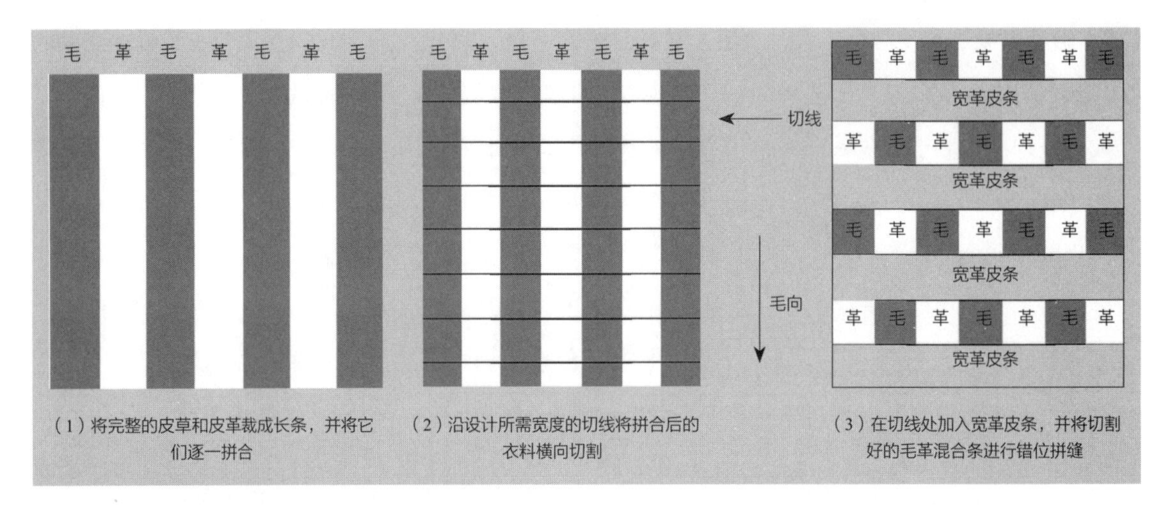

图4-37 马赛克工艺图

图4-38 采用马赛克工艺呈现缤纷色彩

图4-39 用马赛克工艺制成的围巾

接方式，例如：狐皮—皮革—狐皮—皮革，也可以是狐皮—皮革—貂皮—皮革等方式。

（3）缝合拼接好的皮板进行横向切割，切成1cm宽的横条。

（4）在切好的横条间再加入一条1cm宽的皮革，拼接缝合。

（二）相间工艺

相间工艺是从加革工艺中演变得来的一种创新裁制工艺。该工艺利用裘皮与其他面料相间隔地拼接，使裘皮的结构、外观和方向发生变化，可以减轻大约50%的分量，同时增加80%～90%的使用面积，因此这是一种可以降低生产成本的工艺。处理后的裘皮更加柔软，但外观几乎不变，而且可以形成裘皮与面料相间的羽化效果。这种工艺适合长毛的裘皮材料，如狐皮、貉皮等，通常多用在全毛皮或毛皮饰边的服饰中。裘皮相间后外观均匀、舒展，符合人们对长毛皮服装轻软、富有流动感的审美需求（图4-40、图4-41）。

操作步骤：

（1）采用45°斜角将狐皮进行切割，切割线间的距离以0.5cm为佳。

（2）采用山羊皮革作为间皮的材料，将其进行纵向切割，宽度与狐皮条等宽，当然间皮的宽度可以根据狐皮的类型及设计效果的需要进行调整。

（3）将狐皮与羊皮革逐一拼接。

四、间面料拼接工艺

间面料拼接工艺的灵感来自间皮拼接工艺，只是毛皮间隔物发生变化，但两种工艺在外观上都使得毛皮变得轻软，且节约毛皮用料。可以说，这种工艺为裘皮服饰的设计开创

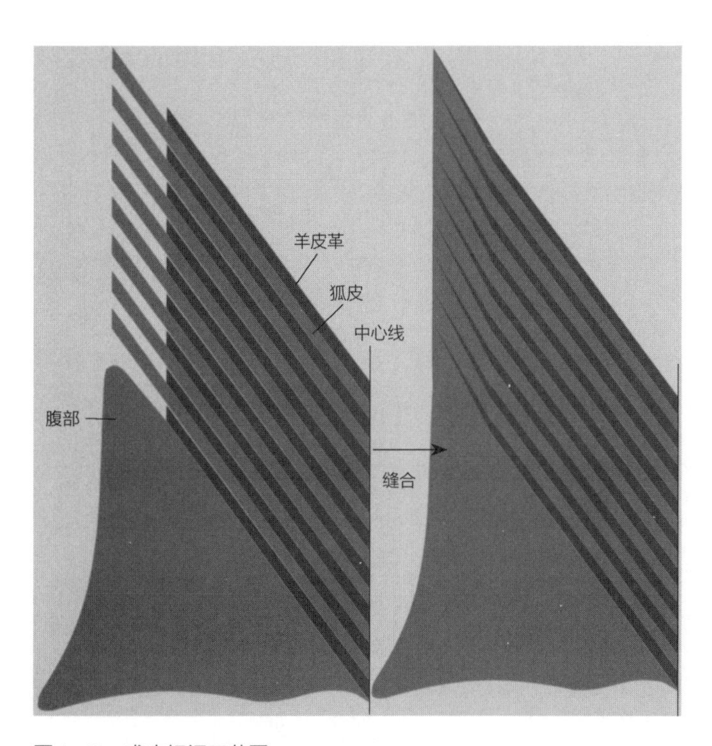

图4-40 裘皮相间工艺图

图4-41 相间工艺制作的小银狐皮双面穿外衣

一个崭新的视角。以下介绍几种间面料拼接工艺的方式。

（一）狐皮与面料拼接工艺

1. 狐皮与面料拼接工艺之一

这种工艺是先将狐狸的皮板面沿脊背方向裁切成0.4cm宽的长条，然后将毛条对折并用缝皮机缝合，再依次将毛条间隔2～3cm缝合到雪纺面料上。当然，间隔距离通常依照设计效果的需要以及所使用的狐皮针毛长度来确定。狐皮与雪纺拼接后的成品形成轻盈的羽毛效果，可以改变狐皮原本奢华、厚重、臃肿的外观，同时也打破了裘皮材料作为冬季服饰用料的局限。该工艺适合制作夏季的服饰，如各类礼服、配饰等，外观轻巧、舒适，增添了时尚感（图4-42）。

2. 狐皮与面料拼接工艺之二

这种工艺是狐皮与面料进行结合的最简单方便的工艺方式，可以在服装表面形成丰厚整体的毛皮质感。操作时，需先将狐皮切成1cm宽的毛条，每个毛条对折后用缝皮机缝合。然后，将毛条按照设计需要的位置摆放好，并用多功能缝纫机的“Z”字形针法将毛条固定在面料上，缝合时需注意底线的松紧是否合适。毛条缝合间距通常依照设计效果的需要和所使用的狐皮针毛长度来确定，针毛长的可以适当拉大间距（图4-43）。

（二）水貂皮与面料拼接工艺

这种工艺是将水貂毛条穿插着毛线一起固定在粗花呢面料上。操作时，先将水貂皮按照脊背方向裁成约0.5cm的小条，然后将水貂毛条与毛线一起按照设计的花形缝到粗花呢上。这种工艺适用于服饰配件或是用作饰边装饰。这里的水貂毛条还可以根据设计需要与其他面料拼接，可以将其穿插在组织结构较为稀松的面料中，如蕾丝、网眼布、毛呢等，从而形成不同的装饰效

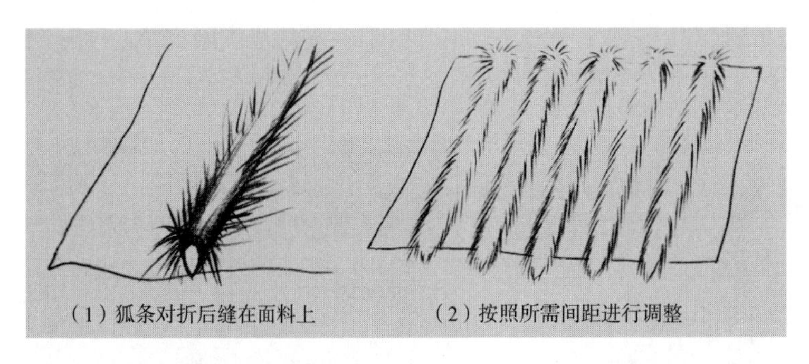

图4-42　狐皮与面料拼接工艺图

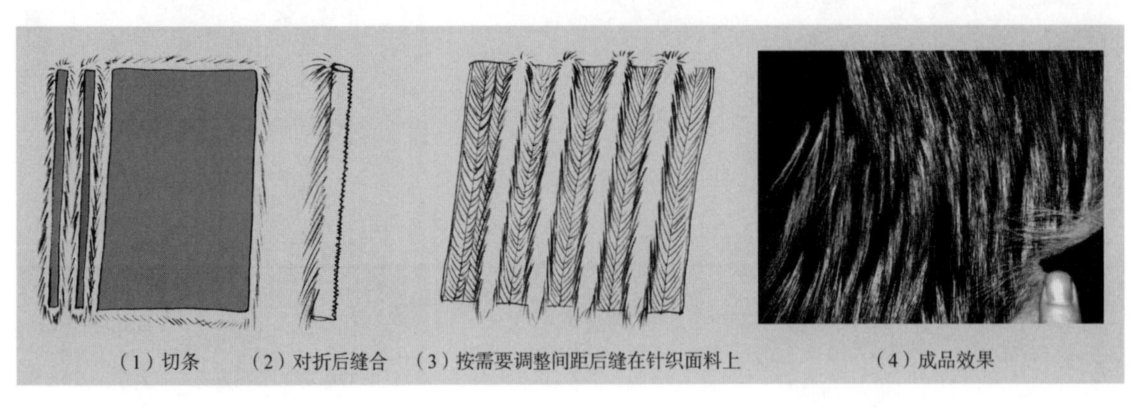

图4-43　狐皮与面料拼接工艺图

果（图4-44）。

五、双面穿工艺

双面穿工艺是通过不同的工艺设计，使裘皮材料获得双面都能使用的效果，在丰富裘皮外观肌理效果的同时，也为设计师提供崭新的设计思路，同时为消费者带来个性化的穿用效果和选择。以下分别介绍浮凸效果工艺、菱形拼接工艺、双面效果工艺、砌砖工艺、开天窗工艺这五种双面穿工艺。

（一）浮凸效果工艺

浮凸效果工艺可以获得不同的视觉效果，尤其适用于双面穿的服装设计。这种工艺可以突出缝合线，可以将缝头进行隐藏，也可以对皮板面进行再设计（图4-45）。

操作步骤：

（1）从毛皮脊背中心位置开始切割，将毛皮切成宽度为0.7～0.8cm的毛条。这种切割可以获得毛长和颜色比较均匀的效果，且较宽的毛条便于后面缉缝明线的操作。

（2）将两块毛皮的皮革面与裁好的毛条缝合到一起，缝好后摊平。

（3）用工业皮革缝纫机在毛条上缉缝一条明线。

（4）将毛条修整到合适的宽度，梳整缝制过程中受到挤压的毛条。

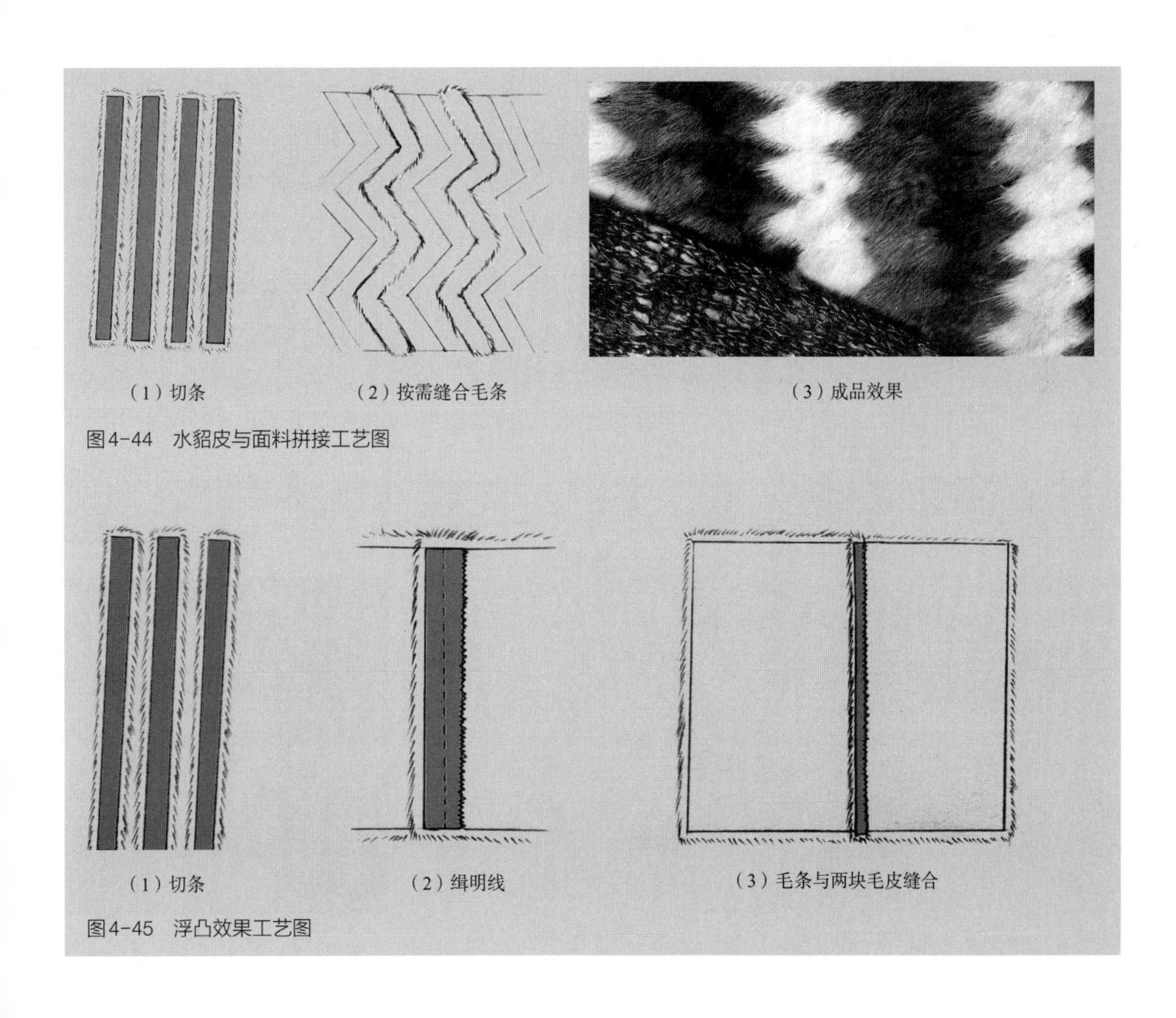

图4-44　水貂皮与面料拼接工艺图

图4-45　浮凸效果工艺图

（二）菱形拼接工艺

菱形拼接工艺是反转工艺的一种形式，适合制作双面穿效果的服饰，工艺制作较为简便，可以节约用工时间。菱形的尺寸大小可以依照设计需要以及毛的长短来确定，目的是保证成品毛皮的两侧都能被毛覆盖，达到双面穿用的效果。这种工艺采用针毛比较长的狐皮，可以获得更佳的视觉效果（图4-46）。

操作步骤：

（1）在毛皮脊背中心位置画出中心线。

（2）在皮板面均匀绘制出预先设计好的菱形裁切线，然后裁切，使上下每个相邻的菱形都能相连。

（3）将相邻的两条菱形毛条以一正一反方式拼接，拼接后毛可以将皮板覆盖，这样可得到双面都可以穿用的毛皮。

（三）双面效果工艺

双面效果工艺是将一块狐皮与一块貂皮沿脊背方向纵向切割成0.5cm宽的毛条，然后将狐皮毛面与貂皮皮板面依次拼缝，最后获得一面是狐皮一面是貂皮的双面效果。设计师可以在裘皮的色彩上做文章，可以将裘皮两面设计成不同颜色，这样可以加大双面效果的颜色反差。该工艺比较适合制作双面穿的裘皮服装、围巾等配饰（图4-47、图4-48）。

操作步骤：

（1）选择适合的狐皮和貂皮各一块，将其头部、尾部、四肢部分裁去，形成规整的长方形。

（2）在毛皮的脊背中心位置绘制中心线，并沿着中心线分别将两块毛皮纵向裁成若干宽0.5cm的毛条。

（3）将两块毛皮依次交错排列，并按照顺序以一正一反方式拼缝，缝好后即可获得两面不同效果的毛皮。

（四）砌砖工艺

砌砖工艺适合采用长毛或中长毛的裘皮材料，可以在全毛皮、毛皮饰边及配饰中使用。这种工艺利用毛皮在面料上缝合所产生的丰富层次感和肌理效果，从而形成一面是毛，另一面是富有肌理的面料的双面效果。毛皮块的大小可以依照设计需要进行调整，可以进行颜色的搭配设计，还可以选择质地较为密实且柔软的面料，如革皮、麂皮、雪纺、真丝等，制成的成品具有轻巧、柔软、别致、时尚的特点（图4-49、图4-50）。

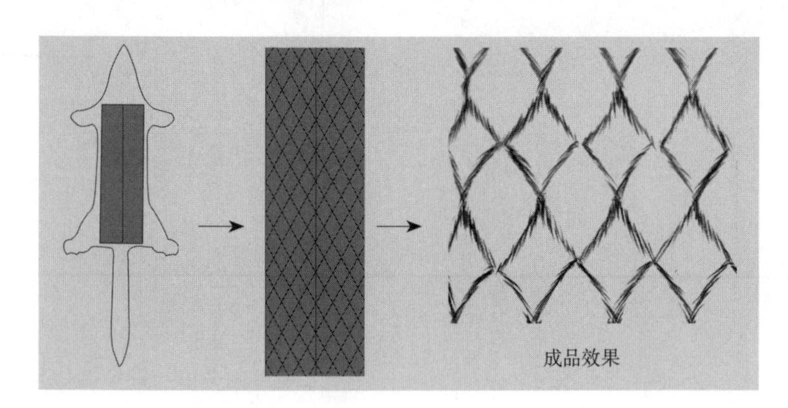

图4-46　菱形拼接工艺图

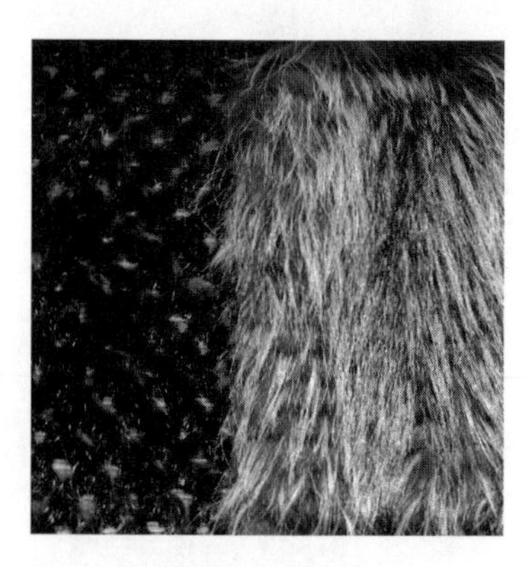

图4-47　变异的双面效果工艺

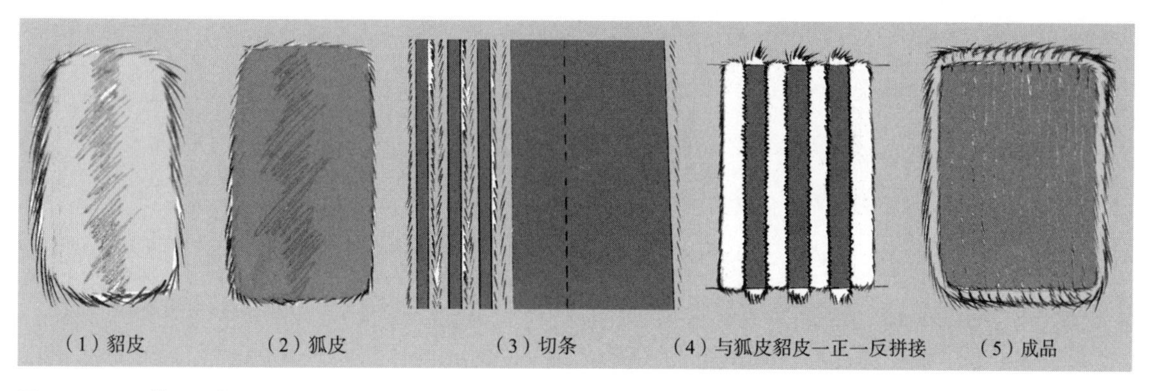

图4-48　双面效果工艺流程图

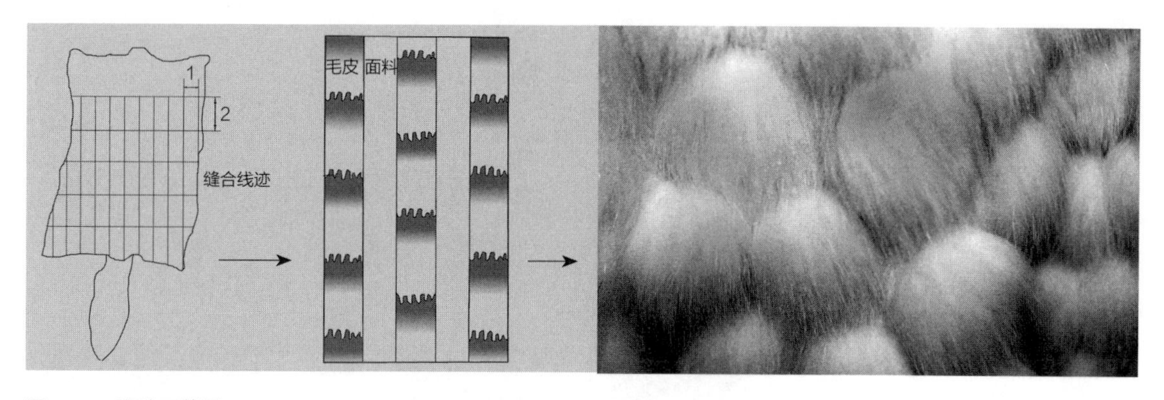

图4-49　砌砖工艺图

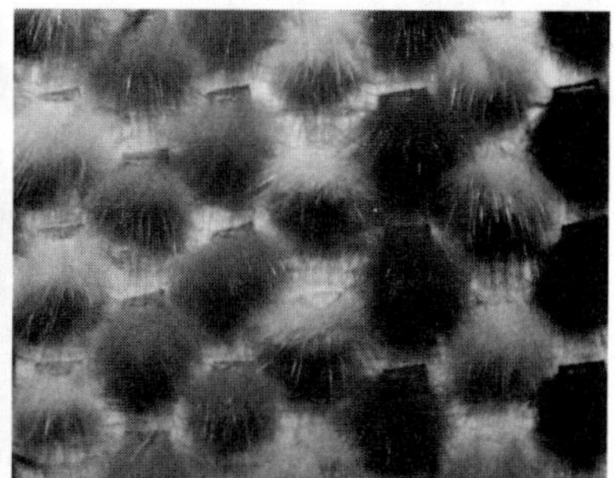

图4-50　砌砖工艺裘皮面料

操作步骤：

（1）选择适合的整皮一张，在皮板面切割出长2cm×宽1cm的长方形。

（2）按照切割下来的位置方向，将毛皮长方块排列在事先已经做好定位记号的面料上。

（3）用缝皮机将毛块与面料缝合固定。

（五）开天窗工艺

开天窗工艺是制作双面穿服装的方法。首先，在裘皮上切割出特定的图案（可供使用的切割图案多如繁星，且多为非连贯性的重复图形），然后将切割好的图案部分反转向毛面，再将皮革面沿反转的毛边缝合即可。开天窗工艺的毛皮表面呈现出规则的镂空图案，而皮板面也规则地分布着小块毛皮（图4-51）。

操作步骤：

（1）用纸板制作开天窗的模板。

（2）在皮板面画好切割线，切割图案可依照设计需要来创意。

（3）根据切割线进行分割。

（4）将切割好的皮反转，在皮革面将反转过来的毛皮与革板缝合固定。

（5）用毛刷整理两面的毛皮，形成双面毛皮的效果。

开天窗工艺制成的成品，两面都有毛皮，由于其分割过多且工序较烦琐，因此适用于围巾、披肩、饰边等小面积服饰（图4-52），外观效果类似于裘皮编织。开天窗工艺成品虽然具有双面毛的效果，但是由于切口和缝合较多，其耐劳性有所降低。

六、流苏工艺

（一）“转转转”工艺

“转转转”工艺是十分有趣的一项技术，需先将裘皮切条，然后轻微沾湿皮板，再将毛条扭转固定，最后风干即得到四周环毛、不露皮板、丰满轻盈的毛绒条。这一工艺技术常用于围巾或衣摆、袖口等部位的流苏装饰。毛绒条的粗细取决于被扭转的裘皮毛长及切条宽度，设计师可以依据需要扭转两种不同毛长的裘皮，同时选择不同的颜色进行配搭，扭转后形成奇妙的色彩混合效果（图4-53～图4-55）。

操作步骤（图4-56）：

（1）将选好的裘皮切条。

（2）将皮板沾湿。

（3）用手工或电钻来扭转

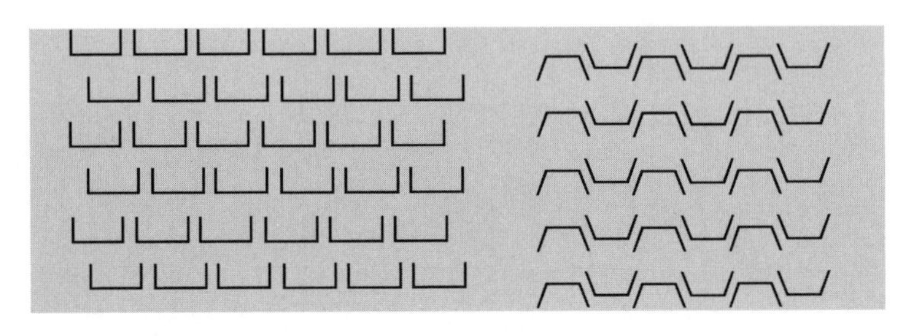

图4-51 开天窗工艺切口示意图

图4-52 用开天窗工艺制作的獭兔皮围巾

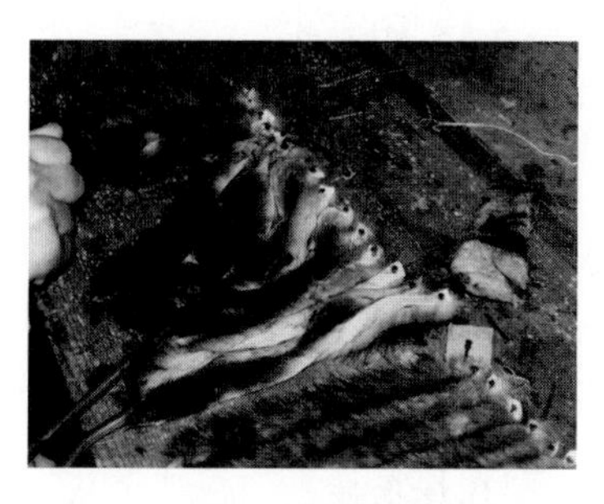
图4-53 短小的裘皮条沾湿后用手扭转固定并风干即可

图4-54 兔皮采用“转转转”工艺，效果好似鞭炮

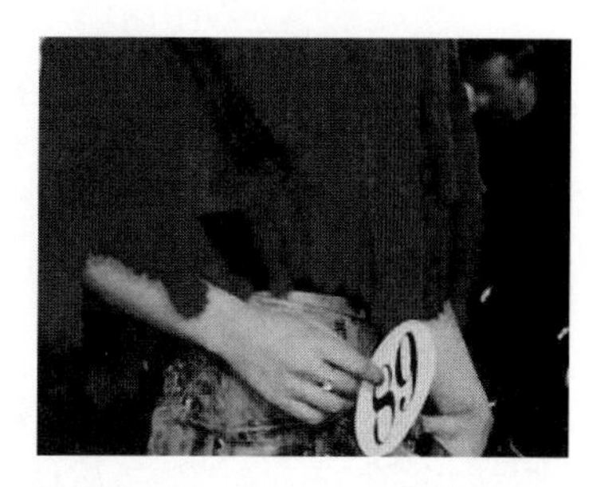
图4-55 “转转转”工艺常被用于流苏装饰

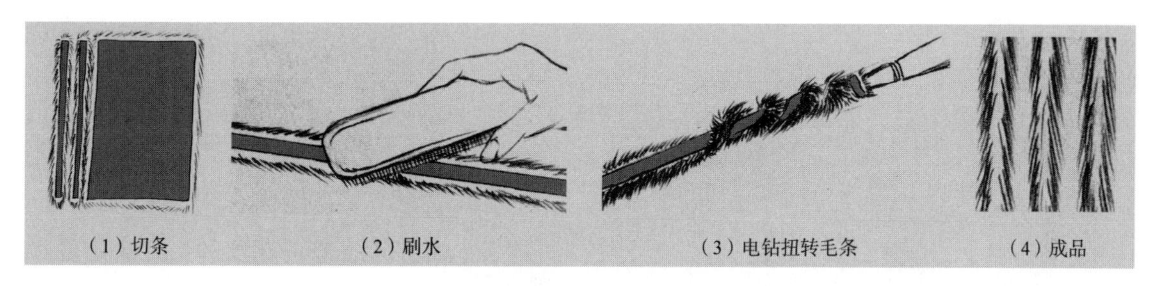

图4-56 “转转转”工艺的操作步骤图

毛条，并用钉子将扭转好的毛条钉在木板上。

（4）待自然风干后，取下钉子，梳理毛皮。

（二）八爪鱼工艺

八爪鱼工艺是世家皮草利用“转转转”工艺开发研制的制作水貂围巾的工艺，因为围巾流苏形似八爪鱼而得名。该工艺需要将皮板染成与毛皮相同的颜色，从而获得更佳的效果。

操作步骤：

（1）选择两张色泽、皮张、毛头大小比较均匀一致的公貂皮。

（2）将貂皮毛面冲下钉在木板上，将整皮的头部、尾部、四肢部分裁去，修整成一块长方形。

（3）在公貂皮颈部预留高约9cm的位置，然后用切割机将公貂皮从臀部向上至预留位置切成宽0.4～0.6cm的毛条。

（4）用刷子在毛条皮板上刷水，用电钻将每根毛条扭转，稍微拉长后再固定。

（5）风干后取下钉子，将预留位置的公貂皮左右对折并缝合，再将两张貂皮于颈部位置拼缝。

（6）最后放入滚筒，清除杂毛，即可得到一条水貂皮围巾，如图4-57～图4-59所示。

（三）双色加捻工艺

双色加捻工艺是“转转转”工艺的创新发展，是将两种不同颜色和毛长的毛皮扭转到一起，形成空混的色彩效果以及毛长高低不同的肌理效果。这种工艺比较适合制作围巾、披肩、服饰的流苏（图4-60）。双色加捻工艺可以将未处理的银狐皮与经过拔针处理的银狐条进行扭转，这样可以产生如羽

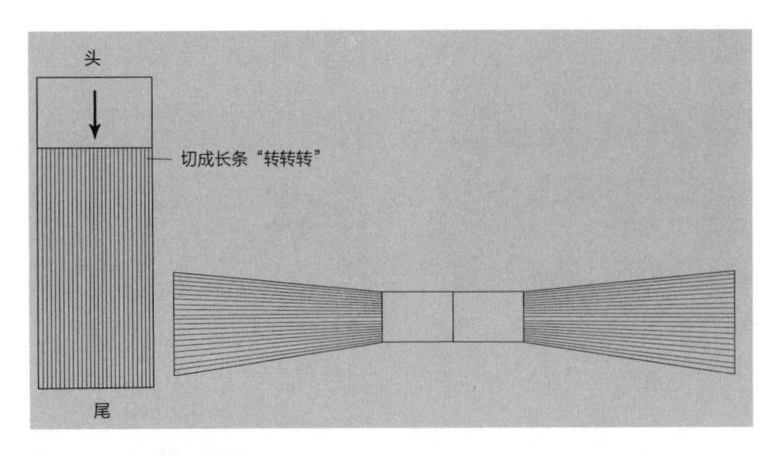

图4-57 八爪鱼工艺图

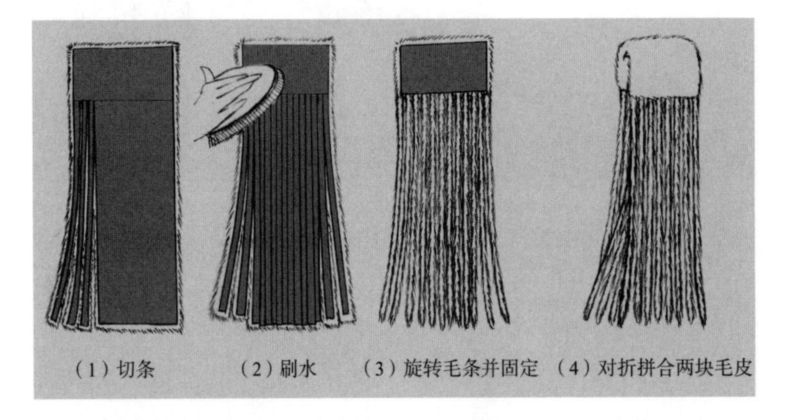

图4-58 八爪鱼工艺流程图

图4-59 八爪鱼水貂围巾

图4-60 双色加捻狐皮围巾

毛般的效果。还可以将狐毛与貂毛或其他材质进行搭配扭转，如人造纤维、长塑料亮片等。也可以在色彩上做文章，如将一条宽、一条窄的不同颜色的两条毛条扭转在一起，这样成品的色彩则由宽毛条来主导；还可以将一头宽、一头窄的不同颜色的两条毛条进行扭转，这样宽窄部分形成交错，成品的色彩呈现出两种色彩逐渐过渡的渐变效果。当然，最简单的做法是将两条同宽、同质的不同颜色的毛条扭转，其设计点就是纯粹的色彩搭配。

操作步骤：

（1）将狐皮切成宽0.4～0.6cm的毛条，用刷子稍微打湿后用电钻进行扭转，然后钉在木板上等待自然风干。

（2）可将两条或三条不同颜色的毛条扭转在一起，皮条的宽度和数量决定最后成品的颜色倾向及毛皮分量。

（四）狐皮长围巾工艺

这种工艺是利用一张狐皮制作出两条柔软轻巧的长围巾。为获得最佳成品效果，需要使用染深色且皮板也经过染色处理的狐皮来制作（图4-61）。

操作步骤：

（1）在狐皮皮板面画出脊背中心线，将整皮一分为二。

（2）按照设计需要绘制裁切线并切割。

（3）将切割好的狐皮头尾相接，使狐皮围巾变长。

（4）在围巾的脊柱皮板一侧用缝纫机以“Z”字形线迹缝一条1cm宽的布条，使围巾不会发生卷曲并且更加牢固。

（5）将围巾毛穗部分的皮板刷水，用电钻扭转后钉在木板上风干。

（6）取下钉子后用刷子整理毛皮，如图4-62所示。

（五）貂皮围巾工艺

貂皮围巾工艺也是通过“转转转”工艺演变而来，只是毛皮穗并不需要旋转加捻，而是直接切条获得流苏的效果。该工艺是使用皮板染色或经过绒面或光面处理后的水貂皮来直接制作围巾成品的工艺。以下分别介绍两种不同的制作方法。

1. 貂皮围巾工艺之一

该工艺需要四张母貂皮或三张公貂皮。

操作步骤：

（1）将每张貂皮的头尾用缝皮机进行拼接，无须切成规则的长方形，而是按照其自然形状钉皮。

（2）在貂皮脊背中心线的位置贴上宽0.5cm的毛皮专用胶条，防止毛皮切割后出现移位现象。

（3）从脊背中心线位置将貂皮对折，在距中心线0.75cm的皮面处，用缝皮机缝合。

（4）展开后将两侧的貂皮切成0.3～0.4cm宽的流苏。将围巾放入滚筒内，清除掉浮毛（图4-63）。

2. 貂皮围巾工艺之二

该工艺是在上一工艺的基础上演变得来，其方法略同，只是在流苏的切割方式上做变化，成品围巾上的流苏呈现出长短变化。其中，短流苏是从脊背中心线往两侧做垂直裁切，而长流苏是从脊背中心线开始

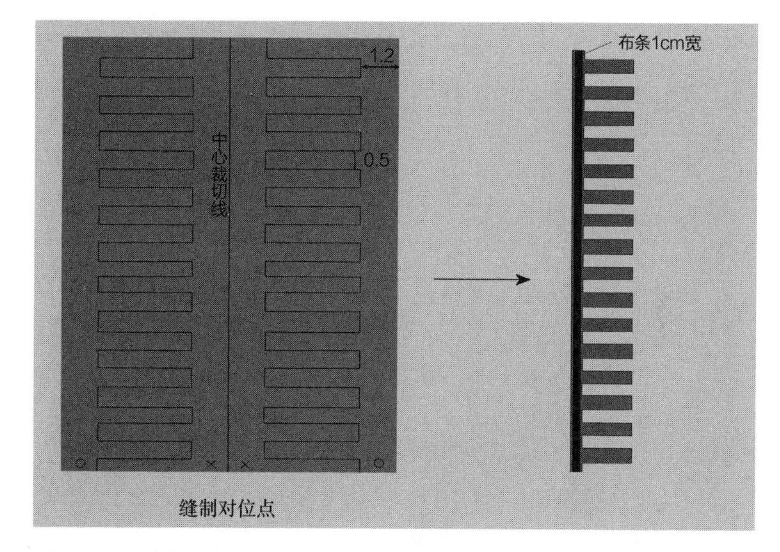

图4-61　狐皮长围巾工艺图

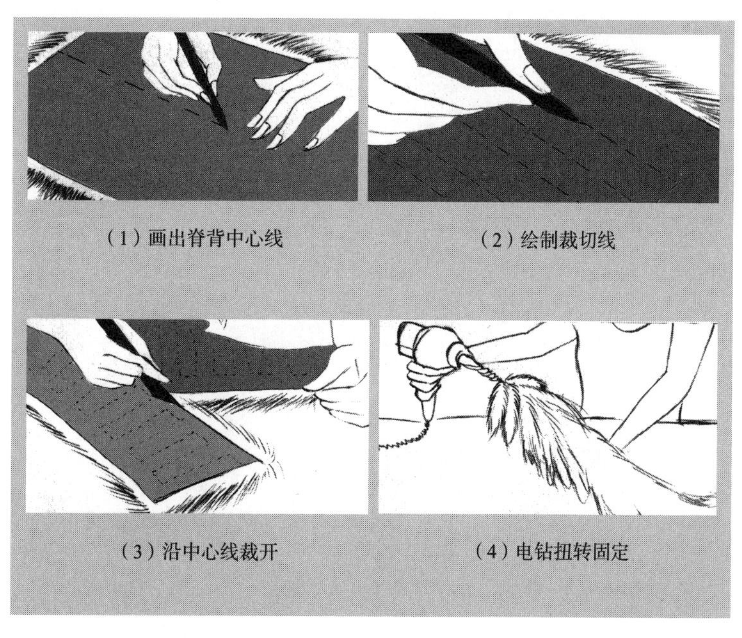

图4-62　狐皮长围巾工艺步骤图

顺着尾部位置做弧线裁切，如图4-64所示。这种工艺适合用在服装边饰、围巾等处。

七、分割重组工艺

分割重组工艺与时装设计面料再造中的打散再重新组合的工艺类似，它可以使毛皮表面形成全新的外观，为设计师提供更多的设计思路。以下将分别介绍鱼鳞工艺、蛇形工艺、狐皮链条工艺、貂皮链条工艺、镂花锯工艺。

（一）鱼鳞工艺

鱼鳞工艺是将水貂皮与狐皮相结合的一种创新裁制工艺，将水貂皮切割成类似鱼鳞的形状，再在其边缘镶缝狐皮条，突出鱼鳞状的效果（图4-65）。设计时既可以强调作为鳞片的水貂皮与作为镶边的狐皮在色彩上的对比，也可以利用同色系进行色彩搭配，从而形成多层次的肌理和色彩变化（图4-66、图4-67）。

操作步骤：

（1）选择适合的水貂皮和狐皮各一张。

（2）用模板在水貂皮皮板面沿着脊背中心线切割。

（3）将狐皮切割成宽0.4cm的细条。

（4）在每块貂皮向外突出的弧线边缘镶上一条狐皮细条。

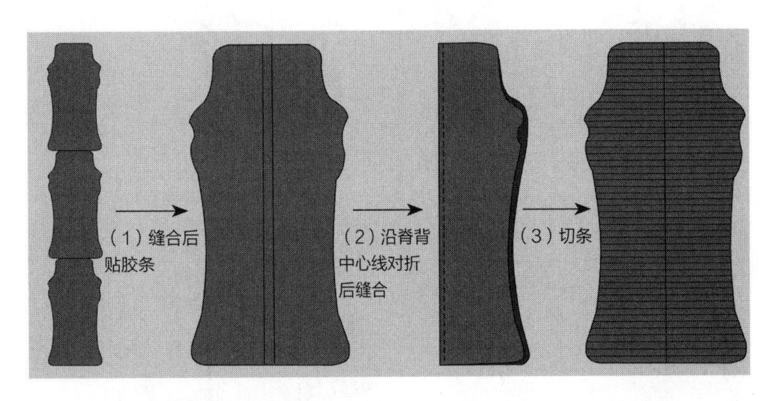

图4-63 貂皮长围巾工艺示意图

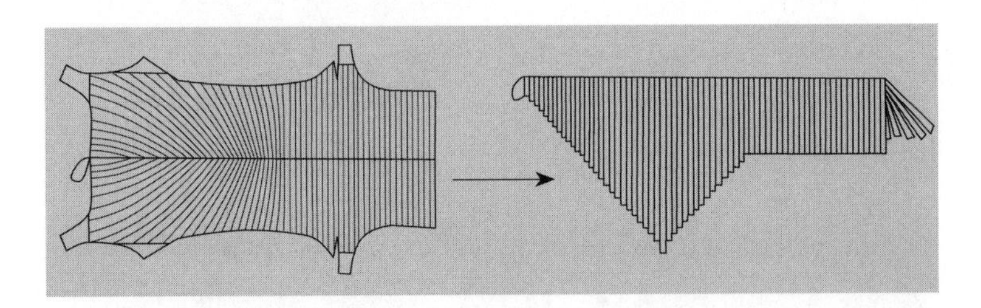

图4-64 貂皮围巾工艺示意图

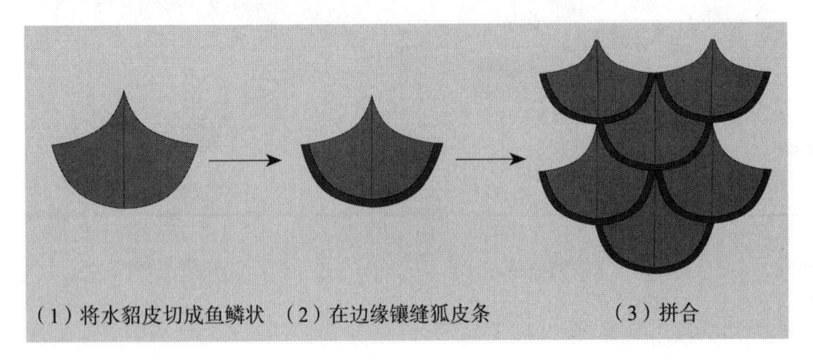

图4-65 鱼鳞工艺图

图4-66 鱼鳞工艺完成效果

（5）将所有镶好狐边的鱼鳞状貂皮两两拼合，即可形成层次丰富的鱼鳞效果，如图4-68所示。

利用鱼鳞工艺还可以变化出其他形式。例如，可以采用雪纺面料代替水貂皮，并与狐皮搭配使用。首先，将雪纺裁切成正圆形，正圆经两次对折后形成类似鱼鳞状的扇形，在扇形边缘镶缝细狐条，最后按照一定的排列顺序用缝纫机将鳞片尖角固定在雪纺面料上，可以呈现出轻柔、飘逸的装饰效果（图4-69）。

（二）蛇形工艺

蛇形工艺灵感源自蛇的蜿蜒体态，制作简单、易操作，其成品如羽毛般轻盈柔软。该工艺适合制作围巾、腰带等服饰配件，也可以用于服饰的局部点缀。成品的效果取决于毛条弯曲的S形的大小，也可以将几排S形进行重复排列，形成块面的肌理效果（图4-70）。

操作步骤：

（1）将染色狐皮沿着皮张脊背中心线的方向纵向切割成宽为0.4～0.5cm的细毛条。

（2）将各毛条对折后用缝

图4-67　用鱼鳞工艺制作的獭兔皮大衣

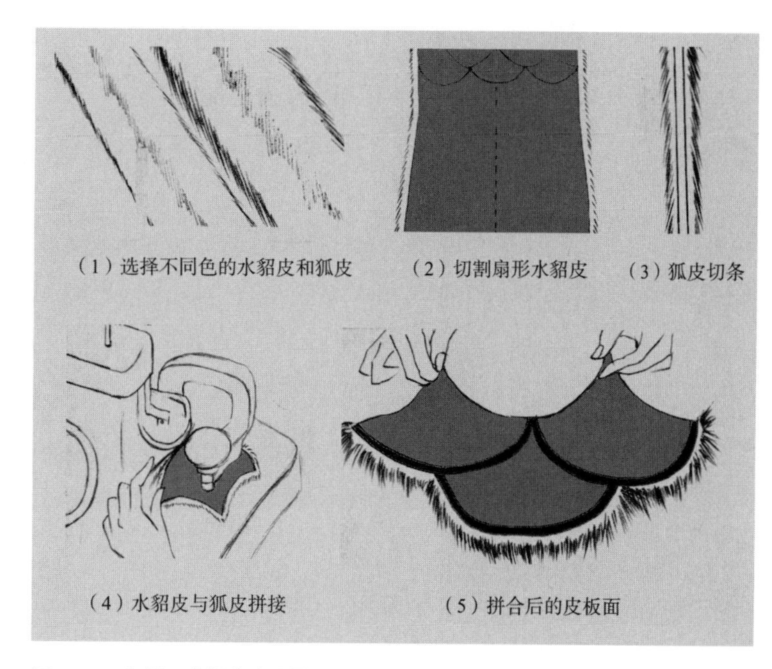

图4-68　鱼鳞工艺操作步骤图

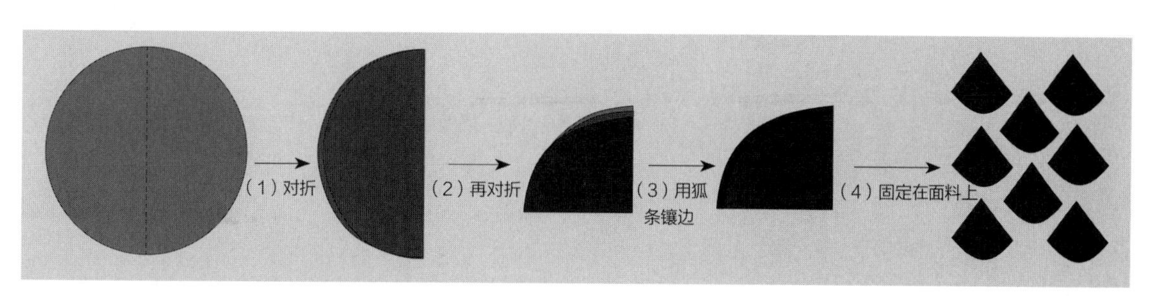

图4-69　变化鱼鳞工艺示意图

皮机缝合。

（3）将毛条弯曲成连续的S形，毛条与毛条之间的相接处用针线固定，形成细长的毛条装饰带。

（三）狐皮链条工艺

狐皮链条工艺常用于配饰或服装的饰边，呈现表面富于变化的肌理效果。

操作步骤：

（1）在狐皮皮板面标出长方形切割线，上下均需留出4cm宽，中间部分分成若干个宽1cm的细条。

（2）根据画好的切割线仔细切割。

（3）将切割好的毛皮分离成两部分，并将其中一块毛皮相邻的两个细毛条尾端缝合。

（4）对另一块毛皮以同样方式缝合，再将前面缝合好的每个环形帽圈穿插其中，即可获得似链条一样的狐皮装饰效果，如图4-71、图4-72所示。

（四）貂皮链条工艺

貂皮链条工艺设计巧妙且操作简便易行，适合运用在配饰或服装的毛皮饰边等处。设计师可以用两条颜色不同的貂皮进行锁链穿插，也可以用一条未剪毛貂皮与一条剪毛貂皮进行穿插，还可以将多条相同的链条平行相拼形成整片的面料效果（图4-73、图4-74）。

操作步骤：

（1）根据设计好的模板将貂皮裁成锁链状。

（2）在固定位置切割一个小口，小口的宽度与链条最窄

图4-70 蛇形工艺图

图4-71 狐皮链条工艺图

（1）绘制切割线 （2）沿线切割 （3）分离 （4）缝合毛条尾端

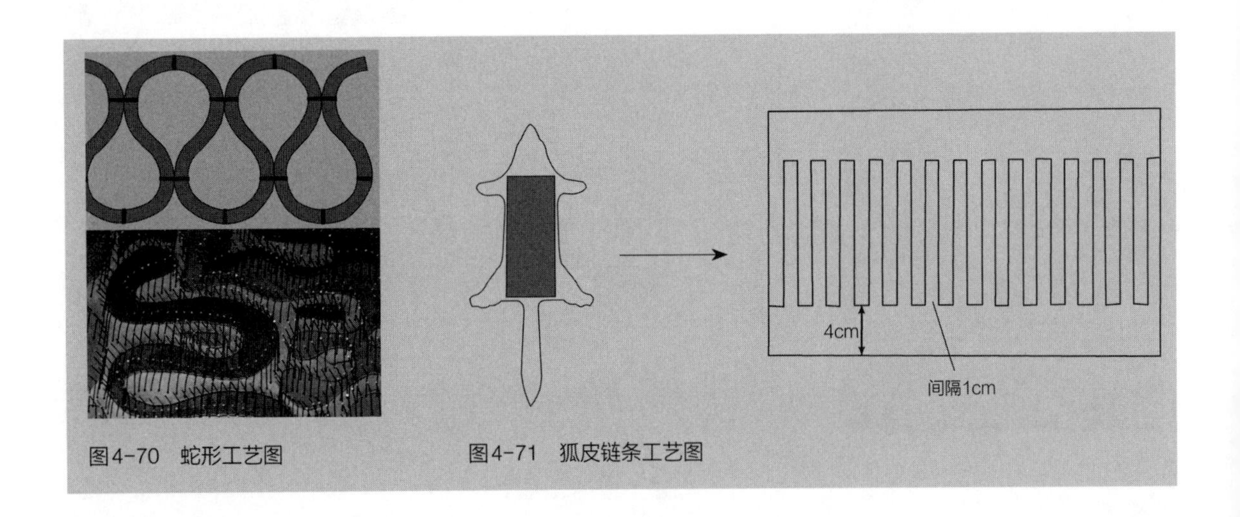

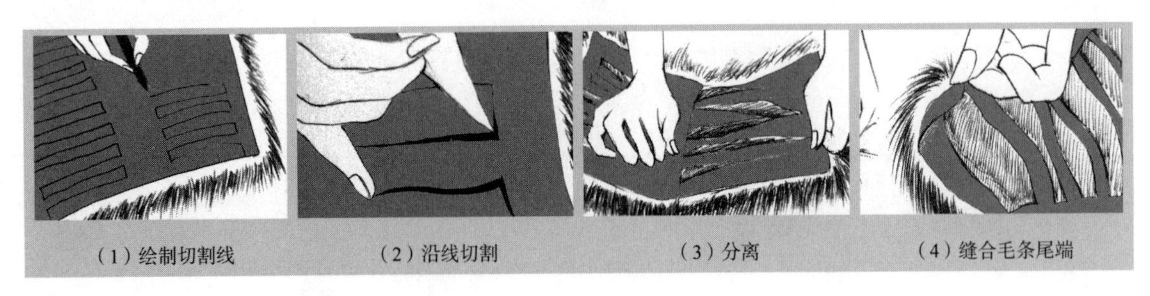

图4-72 狐皮链条工艺操作步骤图

处相等。

（3）将两条锁链通过切开的小口进行穿插，使之如同链条一般链接在一起。

（五）镂花锯工艺

镂花锯工艺灵感来自锯子，因其成品如同锯子上均匀分布的锯齿而得名。其操作简便，锯齿效果较为明显（图4-75）。

操作步骤：

（1）将三种不同颜色的水貂按照模板裁切成若干大小一致的小块毛皮。

（2）将三种颜色的毛皮按照一定的组合顺序进行缝合。

（3）重复上述缝合步骤，即可获得色彩丰富、如锯齿般的装饰图案，如图4-76所示。

八、切除工艺

切除工艺的灵感源自叶片上的脉络。

操作步骤：

（1）将貂皮的毛面朝上。

（2）根据设计好的图案用剃须刀手工剔除不需要的部分，使之露出皮板，这样毛皮表面就呈现出高低不同的肌理效果，设计好的图案亦被凸显

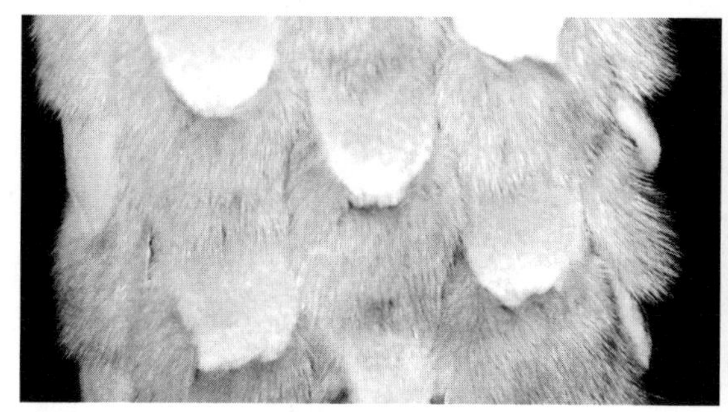

图4-73 貂皮链条工艺正背面效果

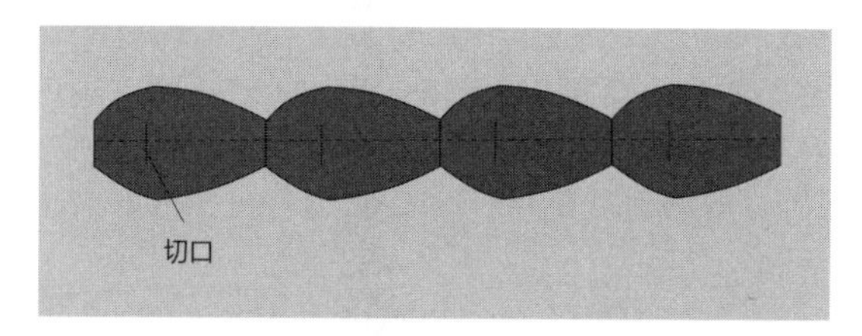

图4-74 貂皮链条工艺图

图4-75 镂花锯工艺图

（1）选择三种颜色的水貂皮

（2）绘制锯齿形状

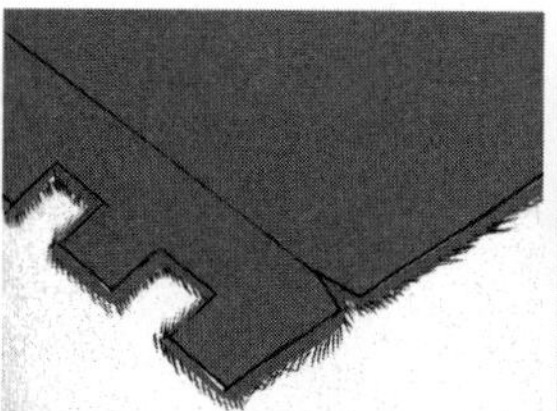

（3）按照绘制的锯齿切割

（4）将三种颜色依次拼合

图4-76 镂花锯工艺操作步骤图

出来（图4-77）。

九、编结工艺

（一）环形编结工艺

环形编结工艺是将貂皮条按照一定的规则编结。制作时需将貂皮的毛面都朝向一个方向。设计师可以根据设计需要来调节成品的尺寸与形状，也可以根据设计好的图案编结，还可以根据服装配饰的形状来编结。利用这种工艺制作的成品可以呈现出自然柔软、富有弹性的手感和外观（图4-78）。

（二）粗格编结工艺

粗格编结工艺类似于我国传统的中国结编织工艺，用珠针作为辅助定型工具，将裘皮条按照设计需要进行穿插盘绕（图4-79）。

（三）钩织工艺

钩织工艺是用裘皮条与毛线条搭配钩织而成，这里的裘皮条与毛线条都是作为钩织的用料，而钩织所用的工具就是家用的毛衣针。利用这种工艺钩织出来的成品富有肌理

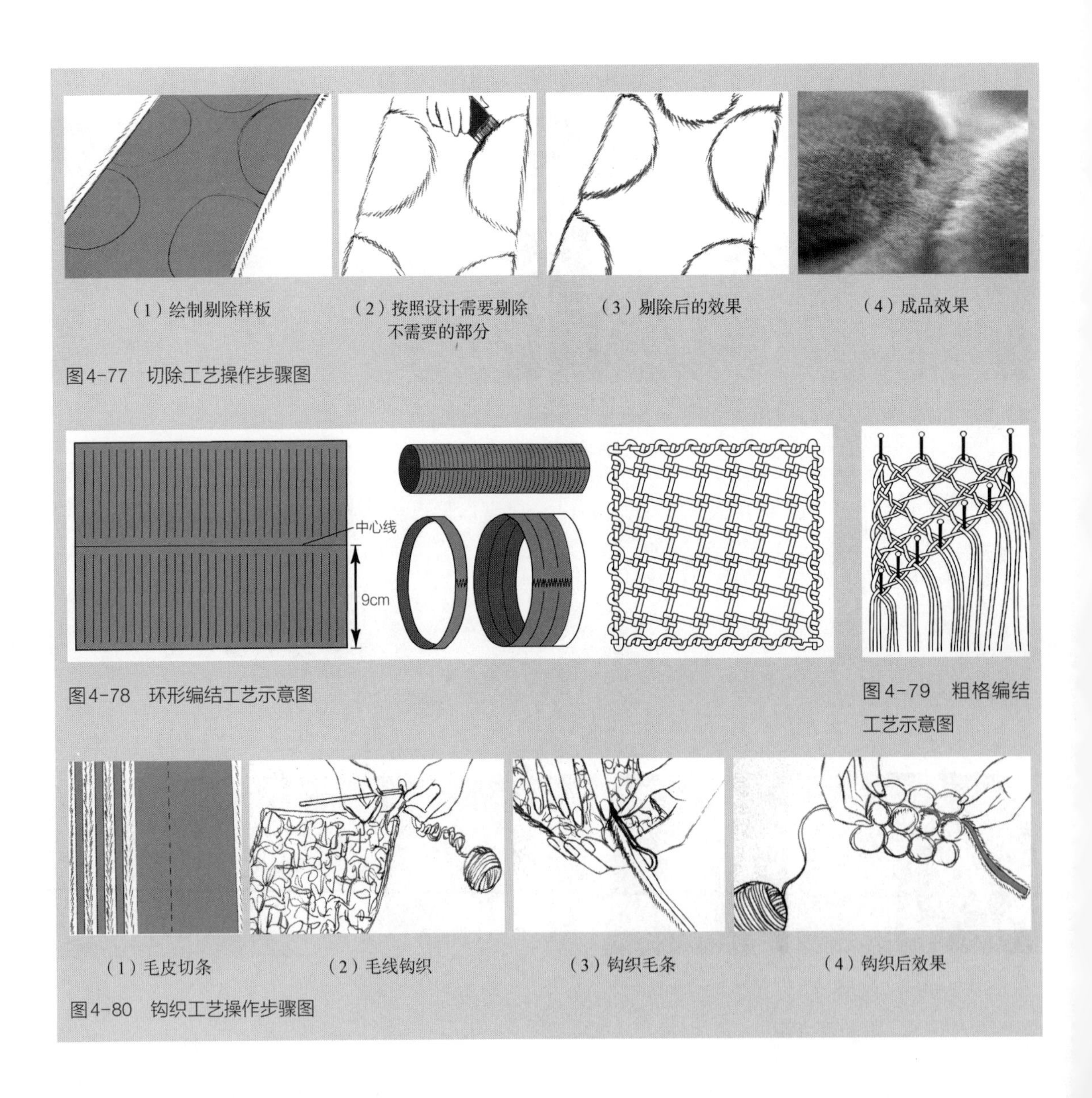

（1）绘制剔除样板　（2）按照设计需要剔除不需要的部分　（3）剔除后的效果　（4）成品效果

图4-77　切除工艺操作步骤图

图4-78　环形编结工艺示意图

图4-79　粗格编结工艺示意图

（1）毛皮切条　（2）毛线钩织　（3）钩织毛条　（4）钩织后效果

图4-80　钩织工艺操作步骤图

感，设计师可以依照设计需要自行选配材料及组合色彩（图4-80、图4-81）。

十、表面装饰工艺

表面装饰工艺适合运用在面积较大的裘皮材料表面，是直接在其表面进行加工，既不破坏裘皮表面的完整性，又丰富裘皮表面的装饰性。这种工艺类似于时装设计中的面料再造，可以根据流行趋势和服装的风格特点做出各种装饰变化。这种工艺通常用于全毛皮服装或毛皮饰边服装中（图4-82～图4-84）。

十一、花饰工艺

（一）花工艺

裘皮花饰的运用范围十分广泛，既可以单独作为时尚配件来使用，也可以连成片作为服饰的装饰，成为服饰设计中的点睛之笔。同样的花饰装饰在不同的位置，会产生不同的装饰效果。裘皮花饰的类型较多，常见的有瓣花和盘花两种。前者成品较为生动，如同真花一样栩栩如生；而后者制作方法简便且通过不同颜色和材质的混搭可以呈现出意想不到的效果。

瓣花效果的操作步骤：

（1）根据花饰的大小裁切一块正方形的毛皮，并在每条边长的中间位置打一个剪口。

（2）捏紧正方形毛皮皮板

图4-81 钩织工艺裘皮面料

图4-83 表面进行刺绣装饰的裘皮外套

图4-82 采用表面装饰工艺的小银狐皮衣领

图4-84 珠绣装饰裘皮手包

中心的位置，用手针缝合固定。

（3）也可以在固定的同时，在花饰中间装饰花芯（图4-85～图4-88）。

盘花效果的操作步骤：

（1）将毛皮切成约0.5cm宽的毛条，然后将毛条与毛条缉缝固定成长条。

（2）将毛条盘转，并在一侧用手针固定。

（3）盘至花饰直径大小适中时即可缝针收尾（图4-89～图4-91）。

（二）球工艺

球也是裘皮服装上出镜率较高的点缀物。丰满的球体以不同的色彩、不同的排列方式装饰在服装上，达到轻松活泼、颇富动感的装饰效果。

操作步骤：

（1）裁取任何类型的方形毛皮一块，用手针沿四周边缘缝一圈线。

（2）拉紧缝线，在球内填充腈纶棉后封口（图4-92～图4-94）。

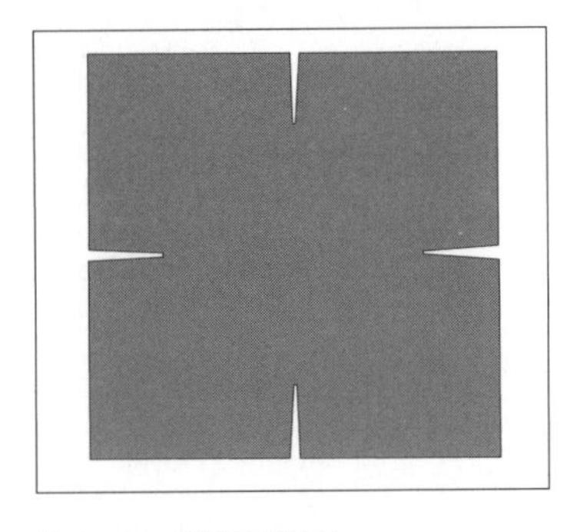

图4-85 瓣花工艺图

图4-88 瓣花变化工艺制作的胸花

图4-86 獭兔毛皮瓣花

图4-89 獭兔毛皮盘花手包

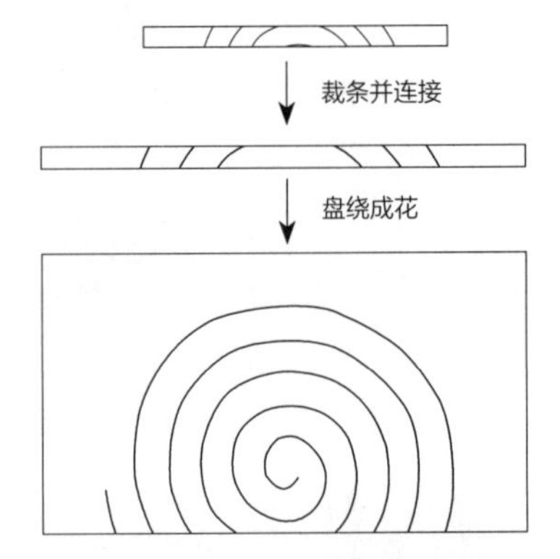

图4-91 盘花工艺示意图

图4-87 水貂毛皮瓣花

图4-90 水貂尾盘花

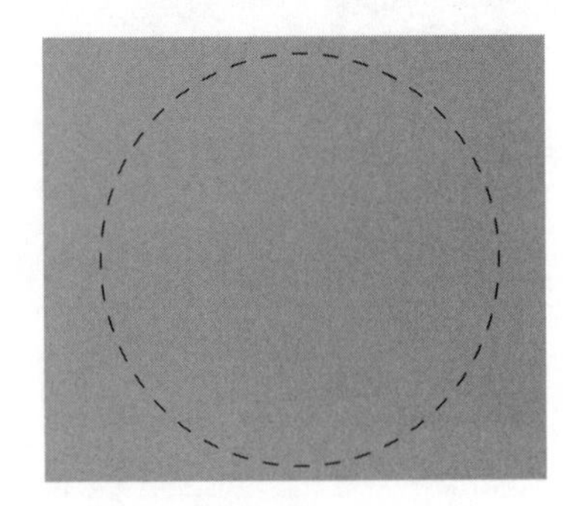

图4-92 球工艺图

图4-93 以球制成的裘皮饰物

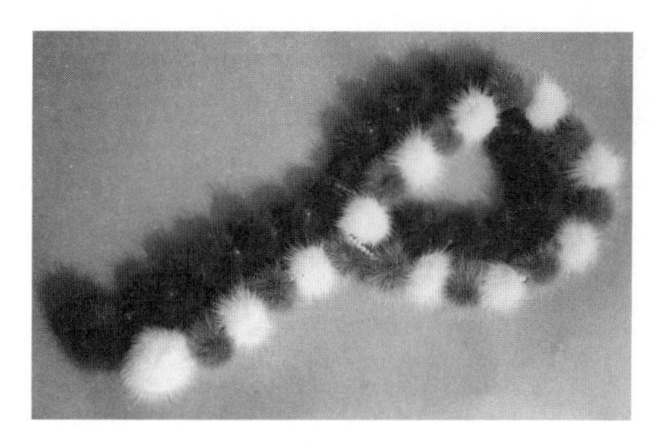

图4-94 水貂球制成的项链

第三节 裘皮编织工艺设计

裘皮编织工艺前些年就已出现，但是直到最近几年才得以盛行和成熟。裘皮编织工艺指将裘皮切割成窄条并接续起来，再编织成衣物的方法。

相对于传统整皮服装而言，裘皮编织工艺是一次革命性的变化，同面料时装中的打散再组合的方式一样，裘皮编织工艺通过不同的打散形式和不同的组合形式来传递设计点。它的流行不仅打破了传统意义上裘皮的价值标准，还丰富了设计的内涵（图4-95）。

一、编织工艺

为方便理解，此处按照编织工艺的顺序作简要介绍。

（一）配料工序

1. 确定材料

（1）编织的底布。一般多使用棉质或腈纶等化纤的粗纱网为底布。随着编织工艺的成熟，出现了镂空蕾丝的网布、弹力针织的网布等，并呈现出各种图案变化，其合理的选择使用也成为设计的一项内容。

（2）编织所要用的裘皮材料。编织的裘皮必须毛板结实，毛头较为密实柔软。目前使用较多的是貂皮、獭兔皮、家兔皮、狐皮、貉皮、灰狐皮、海狸皮等。不同的材料按照针毛的长短、毛皮分量的疏密对应不同的编织方法，呈现不同的效果。

2. 材料准备

（1）底布的准备。一般网布要和编织所用材料的颜色相配，所以网布要先染色。如果

图4-95 裘皮编织上衣

使用的是棉网布，经过染色后，网布通常会回缩、不平展，所以要像做面料中的软活一样进行上浆处理。上好浆的网布要用钉子在其周边固定并风干（图4-96、图4-97）。而其他非棉质网布则无须上浆这道工序，直接钉平即可使用。

（2）裘皮材料的准备。即将裘皮切条。切条之前首先要根据毛色、毛皮分量来挑选适合的材料，并配好皮（图4-98）。一般皮板厚的、针毛长的或者机器不好切的裘皮用手工方法裁条，如狐皮，水貂的尾巴等（图4-99、图4-100）。其他材料，如獭兔皮、貂皮等可以用切皮机裁条。无论是手工裁条还是机器裁条，一般条宽都为0.45～0.5cm，通常切条方向为顺毛向。当然，这些都不是一成不变，根据设计的需要可以调整裘皮条的宽度，改变切条的方向。切好条后，要根据毛色、毛皮分量等摆放好毛条（图4-101），如果是貂尾的材料，应先将小段的裘皮条拼接成相对长的裘皮条，拼接缝合裘皮条时要保持毛向的一致并备针。再按上述规则摆放好。

（二）编织工序

1. 底布的处理

按所设计的款式裁网布，设计纸样中的图案需要拷贝到网布上。裁剪时通常按照经纬纱的方向裁剪网布，也可以根据设计需要变化裁剪的方向，比如成45°斜角，利用这样的底布编织出来的裘皮的方向就不是纵向的。在裁剪时，各部位缝头仅留0.3cm。在衣边的部位要缝上丝带，使其边缘厚实、平整。

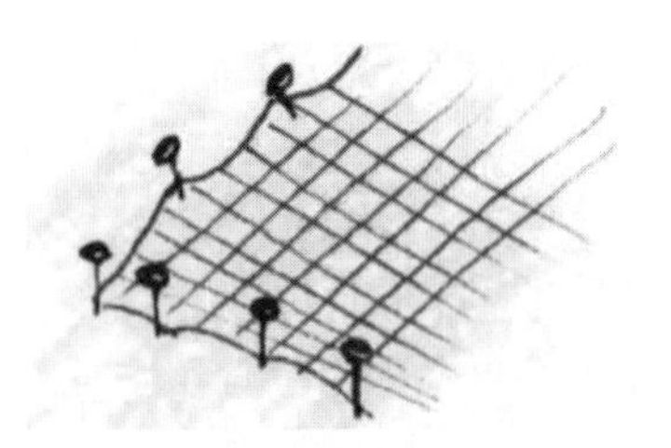

图4-96 编织第一步：上好浆的网布要用钉子钉在木板上以定型

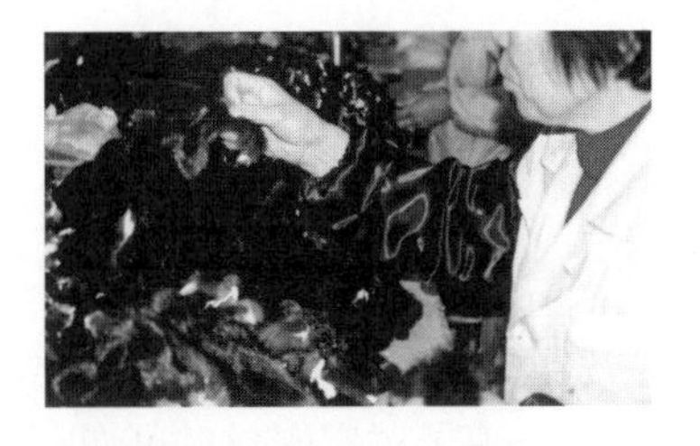

图4-98 编织第二步：编织前要先挑皮、配皮

图4-100 对于貂尾这样的小块毛皮，要先将皮板平展开再切条

图4-97 工人师傅正在钉网布

图4-99 编织第三步：切条

图4-101 编织第四步：编织前将裁好的毛条按照一定规则摆放好

然后按照设计的需要，将衣片缝合。编织时需将纱网边缘用铁钉固定在木板上，编织什么地方就固定什么地方（图4-102～图4-104）。

2. 编织

先将裘皮条在端头插入一根大头针，以使纱线在纱网上缠绕时能够自如、快捷。编织时要绕纱线前行，一般常用的比例是1:1（即编织一行空一行）。像狐皮等大毛的材料通常是按1:2（即编织一行空两行）的比例编织，因为长长的毛会将网布盖住，而过密的编织会显得臃肿且费料。编好后，要用钢梳梳理卷曲的毛头，将毛梳顺，充分展示毛头的丰满与蓬松（图4-105～图4-108）。

裘皮编织工艺虽然并不复

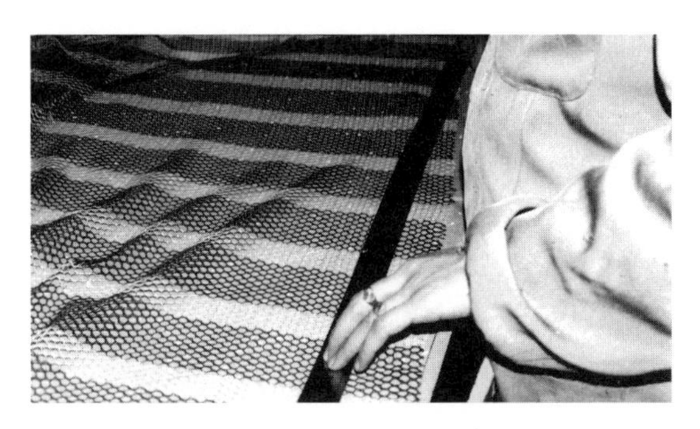

图4-102　编织第五步：按照设计需要裁剪网布

图4-105　编织第八步：编好边缘

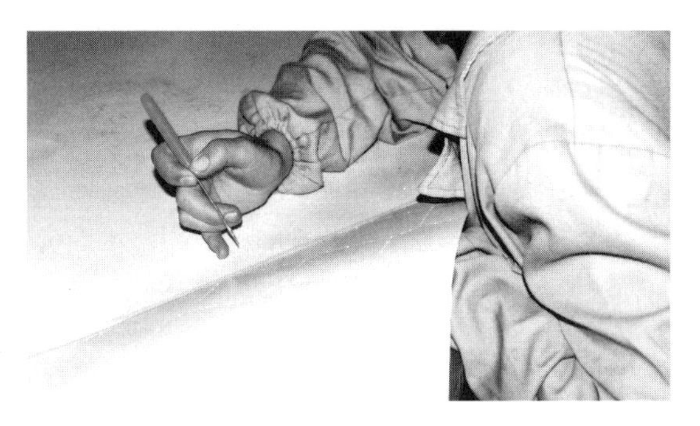

图4-103　编织第六步：将纸样中的图案拷贝到网布上

图4-106　编织第九步：编织内部

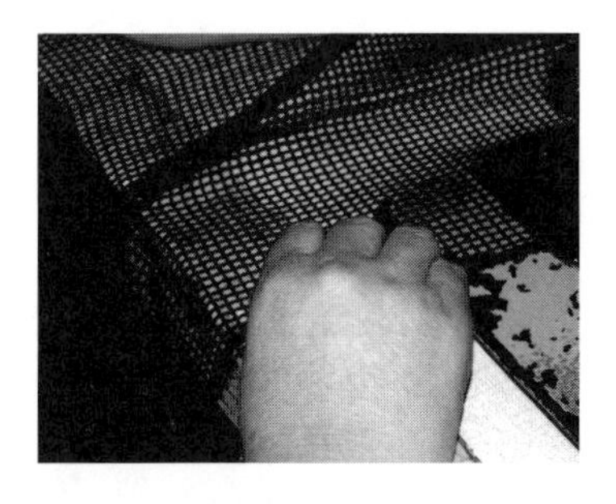

图4-104　编织第七步：缝合网布

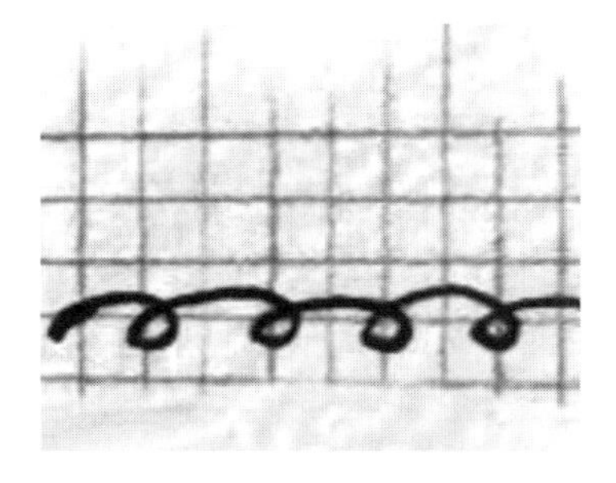

图4-107　编织中毛条走向示意图（1：1横编）

图4-108　编织好后检验一下看哪里毛分不足做出标记，以便修补

杂，然而编织上好的裘皮使其大大增值并非易事，每一步骤均需严谨、规范，掌握技术要点。

二、编织设计

（一）编织工艺的特性

裘皮编织服装具有轻薄、随身、柔软的特点，因为采用1:1和1:2的编织比例既可达到节省原料的作用，又使服装的分量有所减轻。这与时尚中人们求轻、求薄的着装观念刚好吻合。在工艺成熟、用料精良的貂皮大衣、狐皮外套价格一再猛跌之时，裘皮编织服装以其剪整为零的新方式、新技术换来裘皮服装的新样式、新风格。颇具时尚感的裘皮编织服装不仅得到现代年轻人的喜爱，而且其设计的丰富性与工艺技术的相对纯手工性也增加了产品的附加值（图4-109、图4-110）。

其实，编织工艺的流行是人们对裘皮时装化极度渴求的表现。在传统的整皮大衣日益失去往日光芒的时候，人们渴望变化，追求时尚，被各种裘皮编织制品所吸引，因为它简单、实用，被赋有时尚化的外表。

世界上简单的事物往往最有生命力，正因为简单则最可行，正因为易掌握则可靠，正因为立竿见影则可信。裘皮编织工艺简单之中所蕴含的可行、可靠、可信的本质，使其产品特点、品质成为众多企业及商家的追求。

（二）编织的设计点

抓住工艺技术的特点，追求简单变化是产品设计最有效的途径之一。编织工艺中包含的许多技术都与设计息息相关，成为设计的表达手段。

1. 肌理变化

编织的肌理变化最容易实现（图4-111～图4-113）。仅以围巾设计为例，在8cm×70cm的小孔纱网上，用0.5cm素色獭兔裘皮窄条在其四周边及8cm范围中的中线处做环状缠绕，即可成功完成一条围巾的设计。獭兔密密的毛头使围巾上呈现出三条粗粗的、凸起的条纹和两条较深的凹痕。如图4-114、图4-115所示，原本平展的獭兔皮轻易地呈现出立体的浮雕效果，而且达到了节省80%裘皮的目的（如果与同样面积的整皮裘皮比较）。

2. 方向和纹路变化

编织的方向与纹路变化可以成为设计的思路之一。例如，同样采用素色獭兔皮切条，在长方围巾上施以横向编织，产生与上述实例全然不同的效果，一排排整齐的凹凸横纹更显青春气息。倘若进行斜向编织、横纵交叉，则编

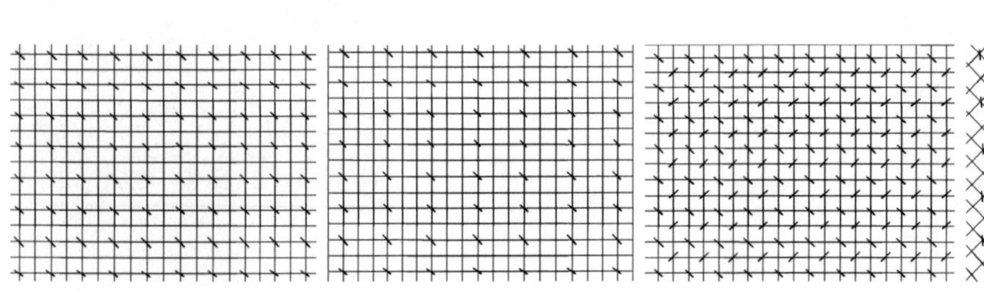

（1）1：1编织　（2）1：2编织　（3）八字形编织　（4）1：1斜编

图4-109　裘皮编织比例示意图

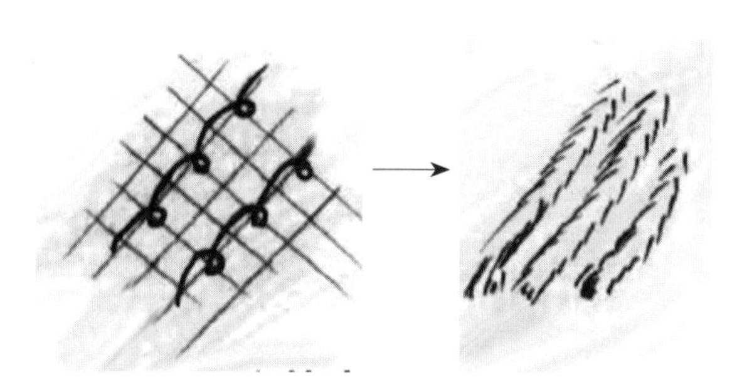

图4-110　斜向编织的斜向效果示意图

图4-111　红狐皮编织形成的肌理

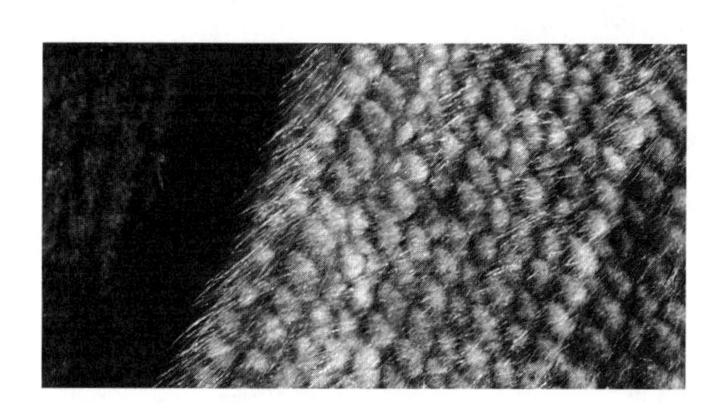

图4-112　水貂尾编织形成的肌理

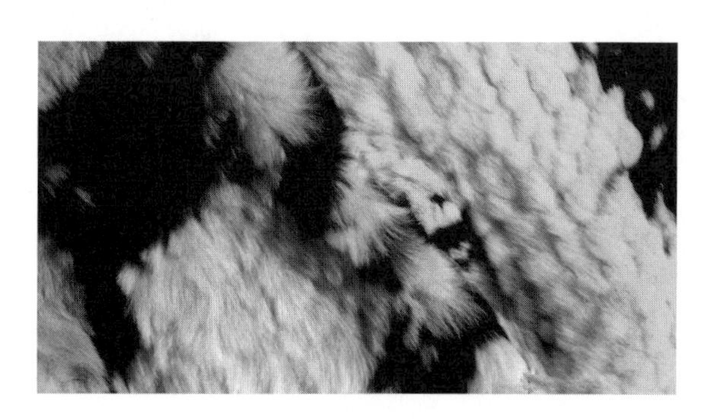

图4-113　獭兔皮编织形成的肌理

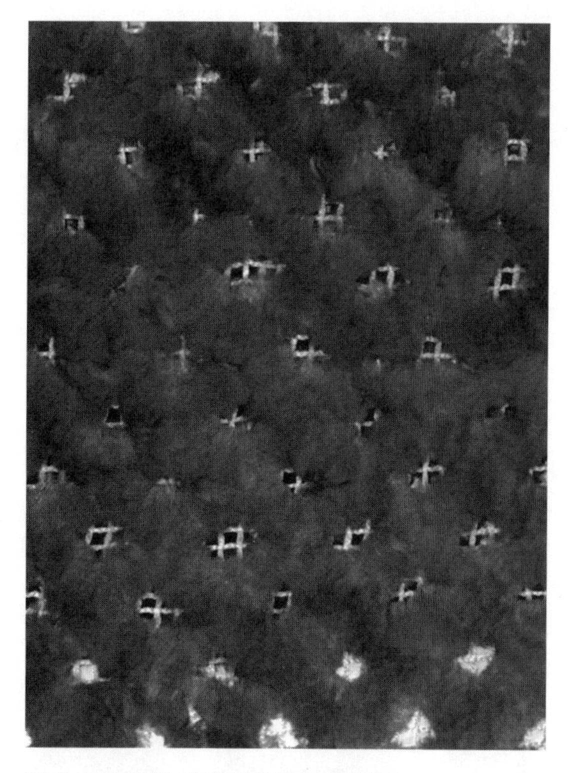

图4-114　编织工艺形成的镂空肌理效果

图4-115　菱形块肌理效果的长披肩

织人字纹路、菱形花纹等均可以一一实现。当然，纹样的疏密、间隔以及与整体的平衡关系是设计师需要把握的。当掌握基本的编织技巧之后，设计曲纹、动物纹或较复杂的纹样，编织双面浮雕效果等均非难事。随着流行的变化，纹样的设计会成为裘皮编织设计中十分重要的要素之一（图4-116～图4-119）。

3. 毛色选择

各种裘皮的色泽，毛头大小以及疏密差异很大。使用同样的规格和纹样，编织的效果会因为裘皮的种类不同而风格迥异。例如，原色的貂皮编织显得精致，狐皮编织显得华贵，而貉皮、狼皮编织则显得粗犷（图4-120）。因此，根据每年的流行主题，恰当地选择裘皮是首要设计要素，选择正确则成功了一半。

4. 类别选择

裘皮的种类很多，设计的天地是无限的，善于使用材料、驾驭材料、重塑材料的风貌，方能最好地体现设计的原创性。例如，将貂皮的针毛拔去，使用相同的编织方法，但风格大相径庭，显得质朴。另外，恰当地使用两种裘皮搭配，可以以不同毛质、毛色的对比，使编织物的表现力更为生动、丰

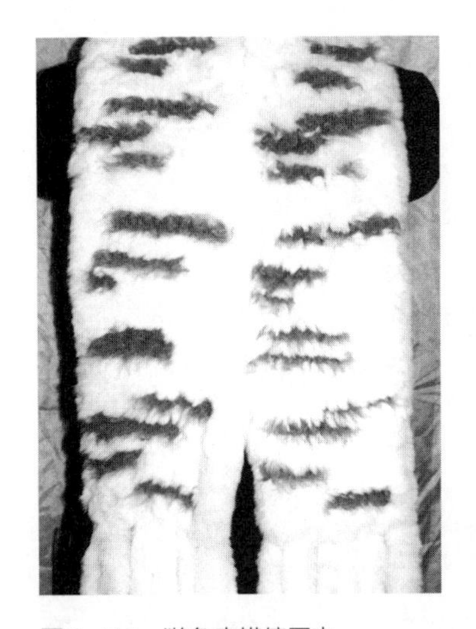

图4-116 獭兔皮横编围巾

图4-117 人字纹路编织

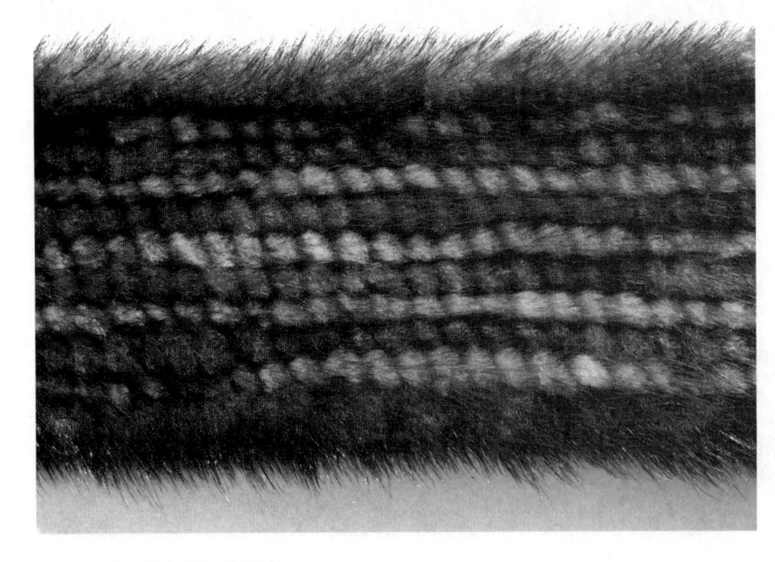

图4-118 竖向编织的围巾

图4-119 转圈编织的獭兔皮披肩

图4-120 温润柔软的獭兔皮编织披肩

富。例如，在獭兔裘皮编织中加入貉皮，小毛配大毛，可产生柔软整齐而不失质朴的效果，更贴近时尚流行的风格。又如，在狐皮编织中加入滩羊皮，直毛配曲毛，更增动感与节奏的变化。在多种裘皮的搭配中再加入纹路的变化，效果会格外生动，富有生气。

除此之外，材料的颜色设计是不可忽视的因素，可以用染、印、喷、涂等手段改变各种裘皮自身的颜色。例如，将貉皮漂色，使其杂黄色的底色变白，而仍然保留针毛的黑头，于是风格中少了粗犷，多了柔情。又如，一块裘皮可以染成一毛双色，编织出来的双色效果会更加突出（图4-121）。裘皮与其他服装材料一样，其染整技术体现了高新科技的含量。新的时尚、新的审美不仅不断促进新的科研课题，而且高新技术成果的推广又带来裘皮服装新的流行。色彩的变化众多，通过色彩搭配可出现空混效果，图案设计（图4-122）、肌理设计（图4-123、图4-124）将会格外丰富。

5. 纱网选择

编织用的纱网也是设计应该着重强调的因素，经常使用的棉质方格纱网固然有它的优势，但追求风格的变化可以通过置换纱网得以实现（图4-125、图4-126）。例如，使用看似密实的毛圈纱网可以较棉质纱网更多地

图4-121 獭兔皮一毛双色编织外套

图4-122　格子图案编织上衣

图4-123　不同材质、色彩编织出的肌理

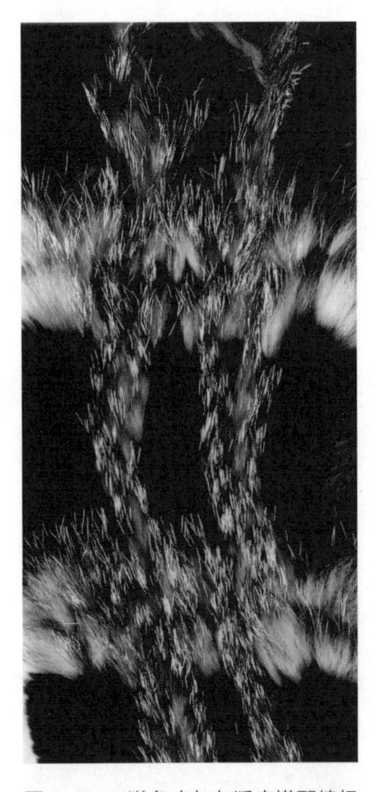

图4-124　獭兔皮与灰狐皮搭配编织出的肌理

图4-125　底网为针织的獭兔皮编织围巾

图4-126　金色底网的獭兔皮编织围巾

露出底网，而不失完整。使用橡筋弹力网可以编织出紧身服装。如果使用蕾丝做网，依蕾丝上美丽的图案在适当的纹路处缠绕裘皮条，或大小毛或多种毛的配合将显得非常之精巧。

6. 装饰细节

装饰细节是所有产品设计中不可忽视的环节。在裘皮编织中编入小珠、小坠，钉上亮片、水钻，可产生点缀之效果，如果随裘皮编织的纹路加入皮革穗、丝绳、蕾丝花边、绣片、花绦等，可以营造出或华丽或精美或粗犷或休闲的风格（图4-127、图4-128）。

7. 缠绕方式

以裘皮条缠绕网孔的方法并非一种，由此基本形式引申和演变的其他形式也十分精彩。例如，夹线（裘皮条与其他线状材料一同缠绕编织），出套（裘皮条缠绕时留有套结，图4-129），平穿（裘皮条不缠绕，而是在底网上穿插编织，图4-130～图4-132）等，各有所长。

综上所述，裘皮编织从简单的工艺技术演变出的新花样显然无穷无尽，在此对于各种编织对应的款式设计未在讨论之列。传统与时尚仅仅是相对而言，不断地推陈出新肯定会给裘皮编织带来无限的前景。

总之，了解裘皮编织的技术要点并掌握设计思路对于裘皮服装设计师而言很重要，而且对于所有服装设计工作者而言均具有现实意义。

图4-127　红狐皮编织围巾配皮革流苏

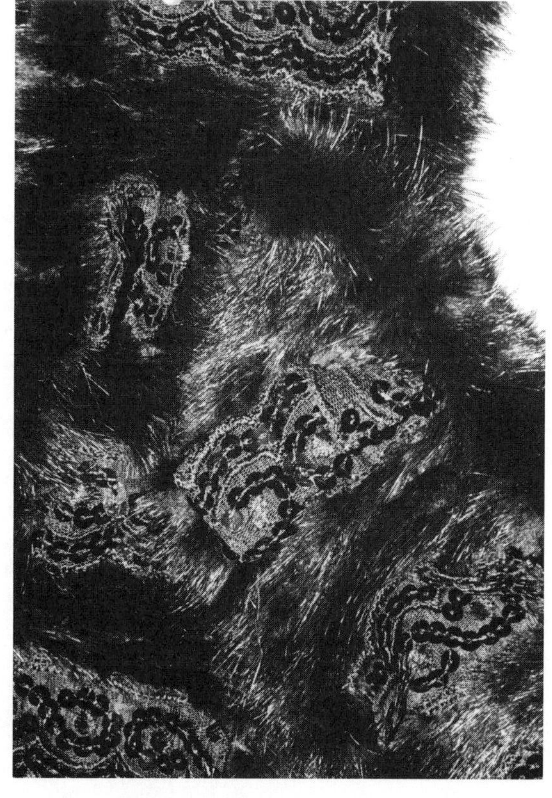

图4-128　蕾丝配貂尾的围巾局部

今天的时装界并没有将裘皮视为传统裘皮业的专利，裘皮是众多服装材料中的一种，在其他服装材料上施以的种种手段均可以在裘皮上加以尝试，裘皮材料可以与其他任何服装材料自由搭配，就如同针织材料与机织材料那样自如搭配。在21世纪，服装设计多源自材料。就某种意义而言，从事非裘皮服装类设计的服装设计师在了解和掌握了裘皮编织的基本工艺之后，能更好地以新视角、新形式打造出服装的新时尚。

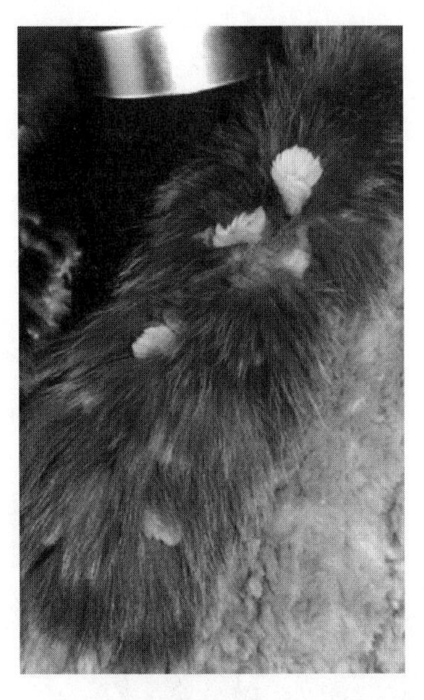

图4-129 编织出套

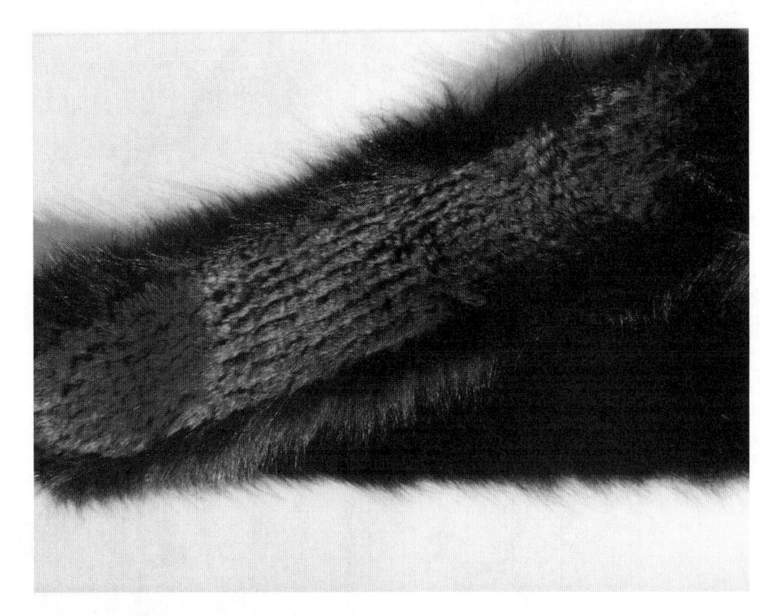

图4-131 獭兔皮配狐肷双面平穿围巾

图4-130 裘皮平穿编织（反面效果）

图4-132 獭兔皮配灰狐皮双面平穿披肩

本章小结

1. 抽刀工艺的目的在于在不影响裘皮整体花色外观的前提下，通过抽刀拉长毛皮原本的张幅。
2. 加革工艺是基于抽刀工艺变化出来的一种传统拼接方法，即在毛皮与毛皮中间嵌上皮革（布条或丝带），也被称为间皮工艺。这种缝制工艺可以减少裘皮的用量，降低原料成本，同时也可以减轻裘皮的分量感，使其更加轻盈柔软且颇具流动感和时尚感。
3. 原只裁剪工艺没有利用切割方法去改变裘皮的长度或宽度，而是将裘皮与裘皮直接缝合，工序相对简单。这种制作工艺的优点是，最大程度地保持动物皮毛的原始外观，块面大，整体感强。
4. 半只裁剪工艺是将整张动物毛皮沿脊背中间一分为二，然后将脊与肷对齐后重新拼接起来。这种工艺利用动物脊背毛与腹部毛在长短、色泽上的差异来重新组合排列设计。
5. 镶花工艺是在裘皮上裁出设计好的图案，再用其他颜色的裘皮裁出同样大小的图案，将其镶补在之前空出的位置，从而在裘皮服饰上形成装饰图案。
6. 褥子拼接工艺指将裘皮的边角碎料分类整理，再拼接成宽 50 ~ 60cm、长 120cm 的裘皮面料，而后直接裁料并制成服饰。
7. 除传统的裁制拼接工艺之外，北欧世家皮草设计中心每年都会带来许多充满设计感的创新裁制工艺设计，使裘皮材料的外观发生了创造性的变化，为设计师拓展了设计思路。
8. 裘皮编织工艺指将裘皮切割成窄条并接续起来，再编织成衣物的方法。相对于传统整皮服装而言，裘皮编织工艺是一次革命性的变化，同面料时装中的打散再组合的方式一样，裘皮编织工艺通过不同的打散形式和不同的组合形式来传递设计点。

思考题

1. 简述裘皮传统裁制拼接工艺的类型及设计特点。制作时有哪些具体的操作步骤，在这些具体的操作步骤中需要注意哪些环节?
2. 简述创新裁制工艺的种类、操作步骤与设计要点。
3. 什么是裘皮编织的工艺? 编织服装具有哪些工艺特性? 设计师可以发挥的设计点体现在哪些方面?

5

第五章 裘皮服装结构与设计

学习目的

了解裘皮服装的生产流程，裘皮服装的成衣规格，裘皮服装的结构设计及裁剪、排料与用料计算

本章重点

裘皮服装生产流程及结构设计的方法和特点

第一节
裘皮服装生产流程

相对普通的面料时装而言，裘皮服饰的生产流程显得要复杂得多。一件精美的裘皮服饰需要十几道制衣工序、40小时以上的熟练操作才能完成（图5-1），而且许多工序依赖手工完成，因而成为裘皮服饰奢华万金之所在。下面以传统的整皮裘皮服饰为例，简要介绍裘皮服装生产流程。

一、设计

裘皮服装生产流程的第一步就是设计，即将头脑中营构的设计理念和想法通过各种途径表现出来。对于裘皮服饰设计师来讲，除要像设计其他服饰一样合理地考虑产品定位，锁定目标消费群外，还要对不同类型裘皮材料的特质有所掌握。针对设计需要，选择适当的毛色、毛质、纹理以及张幅大小的裘皮。另外，裘皮特殊的拼合方式、制衣工艺的选择、耗料等方面内容也都在设计师的考虑范围内（图5-2）。

二、确定用料

有了针对性的设计方案，接下来就要确定用料。一方面要确定适合的裘皮品种，即采用何种类型的动物毛皮来表达设计风格？是采用单一种类的裘皮还是几种裘皮搭配？所选的动物毛皮在分量、纹理、毛色、张幅以及风格上是否调和？不同的裘皮原料可以展现不同的风情。从风格上看，表达柔美奢华风格的裘皮有水貂皮、紫貂皮、银丝鼠皮、狐皮等，表达休闲不羁风格的裘皮有貉皮、灰狐皮等；从分量上看，轻盈飘逸的裘皮有银狐皮、山羊皮，而厚重丰满的裘皮则以蓝狐皮、白狐皮为上乘。另一方面，即使使用同一张裘皮，也需要确定使用该裘皮的具体部位以及确定裘皮原料的合理布局。

三、制板

制板是在设置整体服装合理尺寸的基础上，通过在纸面上的平面绘图，将服装的外形及结构分割进行具体的设计描绘，由此产生衣片的纸样。制板师根据设计师的设计方案，

设计 → 确定用料 → 制板 → 制作样衣 → 试样 → 修板 → 确定耗料 → 缝制 → 后整理 → 干洗 → 质检 → 包装

图5-1　裘皮服装生产流程

按照裘皮张幅的大小进行服装板型设计。由于缝合裘皮的损耗不多，因此在设计纸样时，普通面料时装中都有的缝份（多为1cm的做缝）在裘皮制板中可以忽略不计，通常不需要预留。另外，通常在裘皮服饰设计中，毛皮的走向是自然向下的，因此为避免毛皮拼合省道出现“裂缝”，应尽量设计纵向的省道和结构分割线。

此外，设计全毛皮服装的板型时需要考虑裘皮原料的厚度，不同厚度裘皮的预留松量也不同。通常，裘皮原料的毛越长、绒越厚，在人体关键部位的松量越要多预留一些，如狐皮、貉皮等；毛越短、绒越薄的裘皮原料，则可以在松量上少留一些，如兔皮、水貂皮等。

图5-2　生产流程第一步：设计

四、制作样衣

因为裘皮原料的价格比较昂贵，所以设计好纸样后通常不会省略制样环节而直接裁剪制作。制作样衣是用厚坯布依据纸样进行裁剪和缝制，在此过程中，要画出毛皮条纹的走向，检验纸样是否合乎设计需要、各部位尺寸是否合适、结构设计以及毛皮的布局划分是否合理。这一环节可以立体直观地检查款式设计、结构设计以及毛向等细节问题（图5-3）。

五、试样

接下来试样。将缝制好的坯布样衣试穿到标准体型的模特身上或是人台上，用直观的三维立体穿着形式，观察服装各个局部和整体效果。这个工序需要设计师和制板师共同参与完成，就其服装的穿着效果、尺寸及各局部的结构分割等是否合理提出修正意见，为下一步修板提供依据。

图5-3　裘皮样衣上要标示出毛皮条纹的走向和宽度

六、修板

修板是制板师根据试样的立体效果和设计师的修改意见进行纸样修正。该环节与试样环节一样，都是为了获得最佳的成品效果，有时需要数个回合的仔细推敲才能确定最终的样板。

七、确定耗料

确定最终的纸样，根据所选用的裘皮原料以及各衣片的面积就可计算裘皮服装的耗料。由于裘皮原料的价格不菲，因此在保证设计效果完美的前提下，应尽可能合理地使用原料，节约成本。而耗料这一工序对于裘皮服装的耗材成本以及最终的市场价格定位起到决定性作用。

八、缝制

接下来进入具体的制衣环节，这个过程包括配皮配色、开皮、钉皮、裁皮、机缝、定型、修样、缝制、熨烫以及吊制工序。

世界上没有任何两件事物是完全相同的，动物的毛皮同样如此，因此在制作中首要环节就是配皮配色。配皮配色是根据针毛的长短、底绒的厚薄、皮板的质量、毛色以及在服饰中的对称与衔接效果等因素，综合考虑以备制作，目的是使成品外观协调一致。开皮是从腹部将筒状的动物毛皮裁开，形成单张的裘皮。然后钉皮，即将开好皮的裘皮展平，利用动物毛皮的伸缩性，将其皮板喷湿后钉在木板上（图5-4），待风干后取下，起到定型的作用（图5-5）。接下来用特制的裁皮刀按照纸样进行大致的裁皮，在裁皮时要注意只裁皮板，尽量不损伤底绒。

下一步是机缝，需将裘皮缝合成各部位衣片，这是制作成衣的第一道缝制工序（图5-6、图5-7）。缝好后的各衣片需要定型处理，即依据纸样将毛皮衣片钉平，待干透后按照纸样精确修样，去掉不需要的部分。接下来将所有衣片缝合，并在门襟、肩坡、袋口、袖口等关键位置添加嵌条或衬料，以加固防止变形（图5-8）。

经过蒸汽熨烫整理工序后（图5-9），就可以进行制作环节的最后一步，将里料与毛皮缝合，即吊制（图5-10）。吊制是以手工和机器设备结合使用来完成的。若裘皮服装设计的是毛皮与布料双面穿款式，则此步骤就是缝合布料部分的一项工序。在吊制过程中，还会有一些相应的手缝工序，它们分别是：逐个将裘皮服装的边缘与里子的肩端点、袖口、领口、口袋布、下摆等位置的嵌条固定处理，以确保里外平顺；为裘皮服装钉缝纽扣和其他配件；做

图5-4 裘皮要被喷湿后钉在木板上

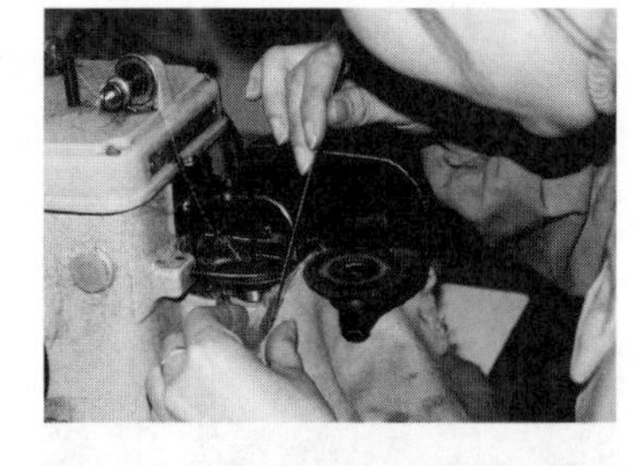

图5-6 裁制好后可以进行衣片的机缝

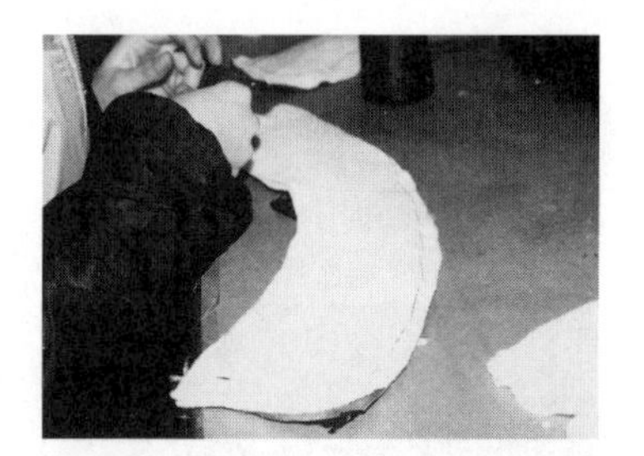

图5-8 将衣服的关键部位添加嵌条和衬料

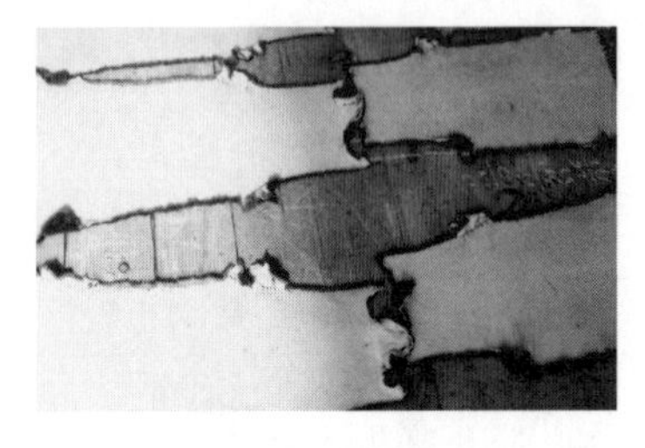

图5-5 钉好的毛皮要放在室外通风处晾干后才可裁制

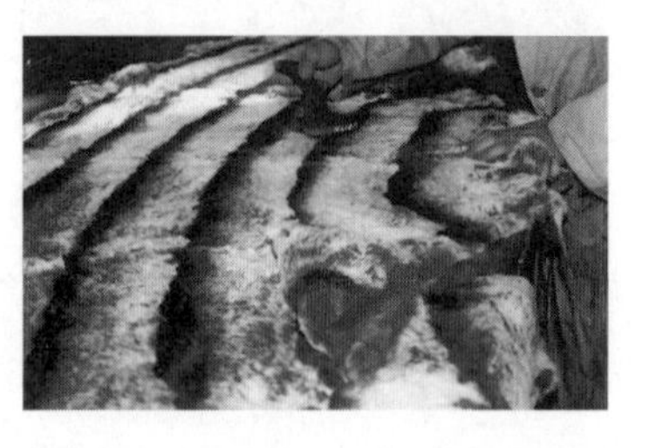

图5-7 缝合好的衣片要看看毛皮面是否齐整

图5-9 吊制前需蒸汽熨烫整理

裘皮服装整饰毛皮的特殊处理，特别是对钉皮或缝合后出现的毛绒歪曲部分，用专门的刷子沾水后顺着毛向进行整理；对有瑕疵的杂毛部分用镊子手工拔除。

九、后整理

后整理是将缝制好的整件裘皮服装再次穿到人台上，刷去浮毛，经过验针机检验合格后进行清洗（图5-11）。

十、干洗

干洗是将整件裘皮服装放入专业干洗机，加上专用毛皮洗液干洗，目的是去除毛皮中的杂质，并使毛皮变得柔软且不变形。

十一、质检

裘皮服装制成后需要进行最后的质量检查，以确保该服装符合规定型号的尺码，应测量胸围、肩宽、袖长、衣长等关键部位的尺寸，并与工艺单上的规定尺码比对。此外，应确保裘皮服装的对称，所有缝合平顺自然，搭配的裘皮外观舒适美观。

十二、包装

裘皮服装打上吊牌后，根据款式和尺寸，对每件服装进行平展式单独包装。包装时，需要平放裘皮服装，折叠袖子，并用硬纸板隔开袖子和衣片，以防止过度挤压造成毛皮表面的变形，再以十件为一个单位将其装箱即可。

这样伴随着一道道复杂的工序，一件漂亮的裘皮服饰就诞生了。当然，这只是制作裘皮服装的一般性步骤，对于不同的设计及工艺处理，需要灵活调整其生产流程。

图5-10 缝制环节的最后一步是吊制

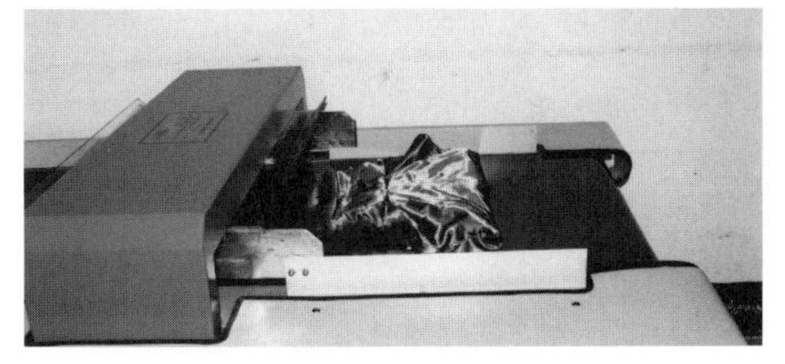

图5-11 刷去浮毛整理好后的裘皮服装要过验针机进行检验

第二节 裘皮服装成衣规格

1974年我国曾对全国进行大规模的人体计测，在此基础上公布了我国的服装号型标准。1997年我国颁布的GB/T 1335—1997《服装号型》中规定，成品服装必须标明号、型，号、型之间用斜线分开，后面接体型分类代码。例如：160／84A，就是服装成品规格代号。其中以人体的身高为号，以胸围、腰围为型，以中间体为中心，向两边依次递增或递减。但是，中间体并非一成不变，1974年全国调研所得，当时的中间体型为：男子平均身高165cm、胸围88cm、腰围76cm；女子平均身高155cm、胸围84cm、腰围72cm，而十年以后再次调查时发现，男子中间体身高增加5cm，为170cm，女子中间体身高也有所增长。

这样，我国成年男女服装的号型包括号、型、体型三部分。其中，"号"表示人体的身高（用cm表示，以5cm为一档），是确定服装长度部位尺寸的依据；"型"表示人体的净胸围（上装，一般以4cm为一档）或净腰围（下装，一般以4cm为一档），是确定服装围度和宽度的依据。即：

号（人体的身高）：160、165、170、175……

型（人体的围度）：80、84、88、92……

"体型"表示人体净胸围与净腰围的差值。体型分类代号为Y、A、B、C，Y体型为宽肩细腰型（偏瘦或肌肉特发达型）；A体型为一般正常体型；B体型腹部略突出（偏胖体型）；C体型为肥胖体。划分体型标志的依据是根据人体净胸围与净腰围的差数计算。体型分类的代号和范围上，人群中A体型和B体型较多，大约占70%；其次是Y体型，大约占20%；C型较少，低于10%。

通常，我国裘皮加工型服装企业的成衣规格尺寸由客户来提供，而产销型服装企业需根据服装的款式特点、目标销售市场潜在的消费者体型特征和穿着习惯等因素来制定企业的服装成衣规格。

目前，我国各个地区对上述号型标准的实施程度参差不齐，裘皮服装企业中仍旧倾向于使用被消费者普遍接受且熟悉的代号来制定服装规格。内销的裘皮服装企业一般采用S、M、L、XL、XXL这个尺码，其中南方市场以M、L两个型号为主，而北方市场则以L、XL、XXL这三个型号为主。裘皮服装的标示形式为代号，但每个代号所指的成衣规格尺寸是以国家标准的人体测量数据为参考依据，企业在生产实践中应结合消费者在区域上的一些体型特征以及着装习惯的差异，来调整企业自身的产品规格尺寸（表5-1、表5-2）。

表5-1 女装尺码对照表

S	M	L	XL	XXL
155/80A	160/84A	165/88A	170/92A	175/96A
36	38	40	42	44

表5-2 男装尺码对照表

M	L	XL	XXL	XXXL
170/94A	175/98A	180/104A	185/110A	190/114A
48	50	52	54	56

在裘皮服装批量生产过程中，纸样的设计是以中间体的号型为依据来制作，所以还需要以中间号型为基准进行推板，从而得到各个规格的服装样板。我国GB/T 1335—1997《服装号型》中规定上装的推档采用5·4系列，下装的推档采用5·4或5·2系列，其中“5”是指身高的档差（5cm跳档），“4”和“2”指胸围或腰围的档差。企业中号型规格的设置和产品的种类、销售地域、生产规模等都有关系，一般来说，企业在遵循国家相关标准的基础上，根据自身的特点来形成自身产品的档差规格，推档时按照档差规格的设计来进行纸样的缩放。

服装成品规格的确定是服装裁剪制板的关键步骤，是在人体测量的基础上，依据服装的具体款式来确定服装成品尺寸，包括衣长、袖长、肩宽、胸围、领围、裤长、腰围、臀围等，是正确地将测量的净尺寸加以放松量，以确定成品尺寸。裘皮服装成品规格在服装号型系列基础上，按照服装的部位与号型标准中与之对应的控制部位尺寸加减定数来确定，加减定数的大小既取决于服装款式和功能，也由设计人员来依照设计需求调整。

第三节 裘皮服装结构设计

裘皮服装的结构设计是一个中间环节，具有承上启下的作用，它既是款式造型设计的延续和发展，又是工艺设计的基础和准备。因此，一方面，裘皮服装结构设计师要对款式造型、内部结构有深刻的理解，将这种理解通过平面或者立体的方式表达出来，同时要处理好裘皮服装构成中各个部件的形态、部位、数量的吻合，修正造型设计中不可分割和不合理的部分，从而使服装造型臻于合理完美。另一方面，裘皮服装结构设计师要为缝制工艺提供全套结构合理、规格齐全的工艺样板，为制定服装工艺标准提供依据，更好地为设计服务。

一、制图工具和材料

在服装结构设计中，为生成适当的纸样，需要一些基本的制图工具和材料。裘皮服装结构设计仍旧需要这些基本的（图5-12）制图工具和材料，没有其他特殊的用具。

图5-12 制图工具

（一）尺

尺是服装制图的必备工具，可以用来绘制直线、横线、斜线、弧线、各种角度以及测量人体与服装，是核对绘图规格所必备的工具。裘皮服装制图所用的尺有直尺、角尺、软尺和比例尺。

（二）量角器

量角器是用来测量角度的工具。裘皮服装制图中需要用它来测量角度，如肩斜度、袖斜度、领子的倾角等。

（三）曲线板

曲线板一般分为常用曲线板和服装专用曲线板。常用曲线板通常用于机械制图，现也用于服装制图。其长度规格有20～30cm多种，主要用于服装制图中弧线部位的绘制。服装专用曲线板是按照服装制图中各部位弧线、弧度变化规律而设计制成的一种专供服装制图中绘制各部位弧线的专业绘图工具。

（四）绘图铅笔和橡皮

绘图铅笔是直接用于绘制服装结构图的工具，通常1：1的服装结构图用标号为2B的绘图铅笔来绘制。橡皮用于修改图纸，去除多余或绘制有误的线条等。

（五）绘图纸

通常，裘皮服装结构设计采用比较厚实一些的牛皮纸，这样设计好的纸样经裁切即可直接用于裘皮材料的裁剪。

二、纸样设计

（一）制图术语

在裘皮服装的纸样设计中涉及一些制图术语，如服装部位的名称。通常在实际生产过程中，不同的区域存在着服装部位名称的差异。例如，北方的裘皮服装加工厂和江浙一带的加工厂在专业术语上就存在一定的差别，广东地区的专业制图术语更接近我国香港的专业制图术语，而我国香港的裘皮加工厂则通常与国外的裘皮加工厂在习惯上保持同步，常用音译过来的术语。有的企业里，由于制板师在地域流动时会带来不同企业的制板术语，这些术语也存在着区别，如将“袖窿”称作“夹圈”，将“克夫”称作“袖头”等。因此，在进行纸样设计之前，有必要对这些制图术语进行全面的认识和了解。

当然，尽管地域和制图人员在操作习惯上存在着差异，但随着各区域间业务往来以及相关技术人员的流动，这些差异化的名称也逐渐被作为别称而被人们接受并使用。具体内容详见表5-3。

表5-3 常见服装部位的名称和别称

服装部位的名称	别称	服装部位的名称	别称
袖窿	夹圈	后裤裆	后浪
育克	约克、过肩、担干	大腿围	髀围
袖头	克夫、介英	裤子门襟	钮牌
前裤裆	前浪	裤子里襟	钮仔

（二）纸样设计方法

1. 比例法

比例法是一种比较直接的平面结构制图形式，是在测量人体主要部位尺寸后，根据设计的款式、季节、材料质地以及穿着者的习惯，加以适当放松量从而得到服装各个控制部位的成品尺寸，再以这些尺寸按照一定比例推算其他细部尺寸来绘制服装结构图。

比例法是我国服装行业中的传统纸样设计方法，目前国内的许多服装企业仍在使用，在裘皮服装企业中应用较为广泛，尤其适用于内销型裘皮服装企业的生产加工模式。因为，国内产销单上的裘皮成衣规格通常只是一些主要部位的规格尺寸，这些数据是以人体测量、模特试衣或国家号型规格为依据，结合服装品种、款式特点、穿着要求等要素考虑放松量而制定的，制板师按照一般比例法的制图思路比较容易得到所需的样板。

对于我国外贸加工型企业而言，由于客户所要求测量的成品尺寸与比例法制图常用的规格尺寸不同，外单对成衣规格要求较为详细，其规格的设定除能够控制服装的成品尺寸外，还要利于在质检时能够较为准确和方便地测得控制部位的数据。因此，了解并熟悉外单成衣规格与结构制图细部规格之间的差异，才能使外销型裘皮加工企业更加有效地进行结构设计与工业样板制作。

2. 原型法

原型法纸样设计属于平面纸样设计方法中的一种，具有理论系统完整、运用方便灵活、适应性较强等特点。原型法纸样设计首先要绘制出合乎人体体型的基本衣片，即“原型”。然后按款式要求，在原型上进行加长、放宽、缩短等调整来得到最终的服装样板图。以原型为基础的制图，在把握款式造型方面较直观准确，尤其是纸样的切展转移、合并操作准确、直观、方便。一旦原型建立好，就能直观地在原型上调整结构设计，减小结构设计的难度。这种方法在很多国际高级女装公司和服装院校中广泛使用，尤其适用于款式复杂的非常规服装结构设计。

随着我国服装专业教育的发展，服装院校的毕业生们很多已经成为服装企业的技术骨干，因此原型法也逐渐在裘皮服装业中流行开来，其中以日本文化式原型运用为多。这种方法以日本人的人体测量数据为基础，更加适合日本及其周边国家与日本体型特征比较接近的人群，对于许多以欧美为主要市场的裘皮外贸加工型企业而言，日本原型法制出的纸样不能满足欧美地区消费者的体型特征，因而在这些企业中应用不多。

3. 基型法

行业内把基型法又称为总样法，是一种以衣片整体形态为服装基型总样进行服装结构设计出样的方法。

基型与原型一样，运用纸型剪叠、比例分配、比值等构成方法，在基本框架或基础纸样上出型，因此具有相当的简便性与灵活性。除此之外，作为一种中国普遍运用的裁剪法，基型法具备深厚的群众基础和技术基础，易统一，可供结构理论分析研究之用，从而形成中国独特的裁剪体系。

基型法在裘皮服装企业中使用面较窄，虽然在产销型企业和外贸加工型企业中均有运用，但一般比较适合同一客户对往年畅销款式的追加设计和生产，或是对某些细节稍加修改的款式。

4. 立体裁剪法

立体裁剪是区别于平面裁剪的一种纸样设计方法，它是一种直接将布料覆盖在人台或人体上，通过分割、折叠、抽缩、拉展等技术手法制成预先构思好的服装造型，然后从人台或人体上取下布样在平台上修正，并转换成服装纸样再制成服装的技术手段。

随着我国服装产业的竞争格局从价格竞争向产品竞争乃至品牌竞争递进，越来越多的服装企业特别是时装企业开始重视立体裁剪技术的应用。但在我国的裘皮服装企业中，完全采用立裁法制图的还比较少，通常是将立体裁剪法与平面裁剪法结合运用。

5. 剥样法

剥样法是从已有的成品上量取必要的尺寸数据，然后综合考虑成品加工过程中的工艺要素，运用定寸的方法复制出已有成品的纸样。服装剥样分为全件剥样和局部剥样。在我国外贸加工型裘皮服装企业中，有时客户只提供样衣，要求按照样衣进行复制与生产，因此在纸样绘制中必须依照客户所提供样衣的各部位尺寸，结合工艺特点合理复制。这种方法具有方便、准确的优点，但必须以已经存在的样衣为蓝本复制，因此具有一定的局限性。

（三）纸样设计的技术要点

根据不同企业的生产方式和服装工业制板的依据，可以将纸样设计中的技术要点大致分为两类。

以下分别介绍两种模式下裘皮服装纸样设计的技术要点。

1. 按照效果图设计纸样

按照效果图设计纸样，这种生产方式常用于产销型企业，企业具有自主开发裘皮服装产品的能力，其设计研发部门依据效果图、照片、款式图等来设计纸样，成衣的规格尺寸由设计师给出或样板师自定，样板要符合款式造型的要求，不强调成衣的细部规格尺寸。

这就要求制板师应与设计师保持默契，能够了解设计师的表达意图，并通过对款式进行合理的结构分解来将设计意图转化为二维平面纸样。同时，还要结合材料和生产工艺的特点，通过纸样来控制和消除可能由加工生产造成的误差，尽可能达到设计师所要求的款式造型效果。通常情况下，按照效果图来设计纸样需要把握以下技术要点：

（1）界定款式类型：通过对款式效果图全面、系统、综合的解析，界定产品的设计风格，并选择与之相应的结构造型方法，这是从款式造型图分解成结构图的第一步。通过对效果图的审视，全面把握款式类别、款式的功能属性、平视与透视结构、结构的可分解性、材料性质与组成、工艺处理方式等内容。

（2）解读款式细节：①根据款式设计对造型的表述，结合人体基础数据，确定控制部位的规格尺寸。②确定产品的结构组成，如上装款式包含衣身、领与袖的组合设计；下装款式包含腰头或腰贴、腰臀的分割组合设计、臀膝的分割组合设计；连身型款式则包含腰围以上部位和腰围以下部位的组合设计。③确定纸样模式，即根据款式设计信息选择相应的结构制图模式。④确定细节比例关系，涉及口袋、门襟、装饰性分割线、克夫、领等元素间的相对比例，这里通常会运用到“黄金分割率”进行相应的操作。⑤特殊造型，这类造型区别于常规款式的分割线和装饰附件，尤其指左右不对称的式样和有褶的别致造型。

（3）确定规格尺寸：一般包括长度规格和围度规格。纸样设计时必须参照正常人体比例来确定相应的长度尺寸。针对围度规格，服装制板师要根据服装款式图所呈现的“衣体间距”效果，在标准人体净体尺寸基础上进行适当的围度加放。另外，在确定服装规格之前，还要对服装的销售市场、面料的基本性能及其加工特点等做出分析，以确保有效地控制服装的加工品质。

（4）选择适宜的制板方法：如上所述，服装纸样设计方法有很多种，这些方法各有所长。目前，我国裘皮服装企业多以平面式设计方法来进行纸样设计，其具体方法的选择与企业生产模式和制板师的专业素养密切相关，有时常常是几种方法交错使用。

2. 按照制单或样衣设计纸样

按照制单或样衣，或将两者相结合的生产方式来进行纸样设计，这种类别常见于加工型企业，企业以接订单加工为主，因此会依照客户提供的成衣规格的尺寸通知单来设计纸样。为便于监控成衣加工质量，客户所提供的成衣规格尺寸常常包含一些细部的尺寸数据，因此对于纸样设计的要求则主要体现在使所加工成衣的尺寸符合客户提供的成品规格。

按照制单进行纸样设计时，制板师必须了解制单上关于成衣规格尺寸的确切含义，避免理解上的偏差所造成的设计失误。按照样衣进行纸样设计时，则要准确把握样衣的测量部位和所测得的数据。两者的共同之处在于，制板师要对所制样板的细部数据进行控制，不能仅强调款式造型，而是在达到造型要求的同时控制成衣的细部规格尺寸。其技术要点可归纳为：

（1）了解成衣规格尺寸的含义：通常，国外客户提供的成衣规格尺寸与国内具有相同代号的规格尺寸，在测量部位与含义上存在一定的差异。例如，欧美国家服装企业对胸围的定义为袖窿底点向下1英寸（2.54cm）处的衣身围度，而在国内服装企业制板中则习惯将袖窿底点作为测量成衣胸围的参考点。再如，国外服装企业的肩宽一般是指成衣肩部缝合线的长度，即国内俗称的“小肩”，而国内服装企业的肩宽一般是指左肩端点经后颈点至右肩端点的长度。因此，考虑到国内外在诸如这些规格尺寸上存在定义上的差别，相关技术人员必须了解并熟知。

（2）规范样衣测量方法：对于根据样衣进行纸样设计的技术人员，需要掌握规范的测量样衣方法，以确保获得可靠的数据作为制板的依据，同时也是检验成品品质的依据。当然，确定规范的样衣测量方法应遵循客户的测量习惯、测量误差来满足客户的误差标准。

（四）纸样设计应用实例

1. 水貂皱领大衣（图5-13、图5-14）

2. 水貂连帽中衣（图5-15、图5-16）

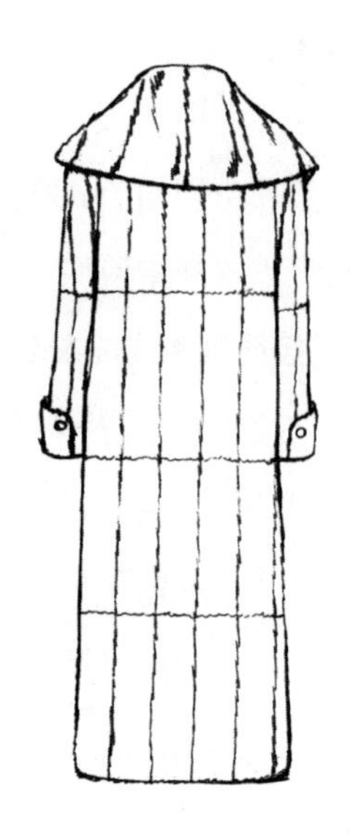

图5-13 水貂皱领大衣款式设计图

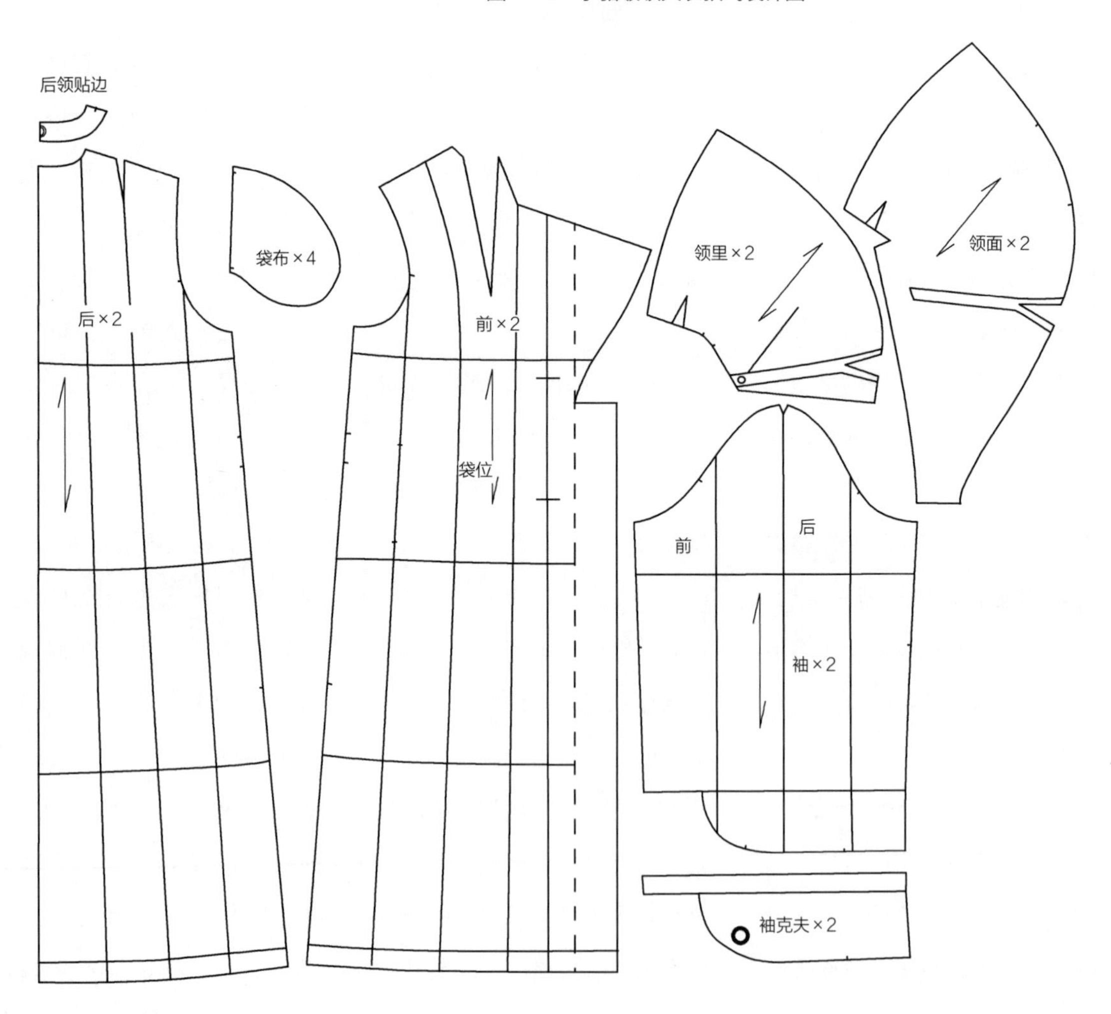

图5-14 水貂皱领大衣结构设计示意图

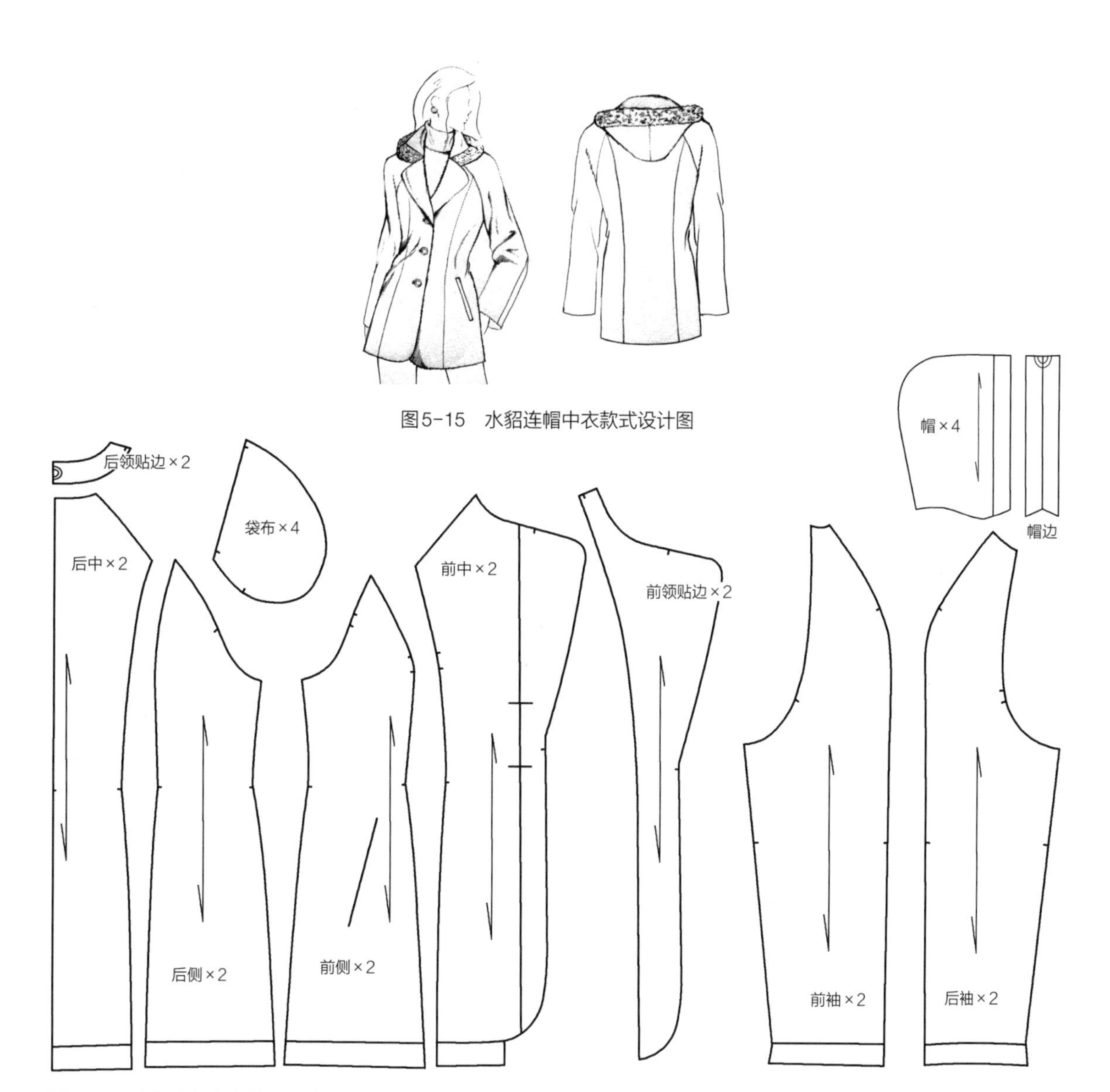

图5-15　水貂连帽中衣款式设计图

图5-16　水貂连帽中衣结构设计示意图

第四节　裘皮服装裁制、排料与用料计算

在裁制裘皮服装之前，首先要对裘皮上的破洞、局部秃板等残缺处进行整修。整修时要根据伤残部位、面积大小以及毛型的特点采取不同的调整方法。整修前应

将皮板回潮，以便拉伸和显露缺陷，为整修提供方便。对于面积较小的缺陷，要先挤拉缺陷处，使其凸出，然后裁成柳叶状，有戗毛的剪顺口，剪口周边的光板应去净。值得一提的是，每张皮的十字骨处（脊颈）为禁区，此处不能剪横口。剪补时要尽量在皮的长短方向上采用直剪的方式。皮料残缺处整修后可以缝合，缝合时要了解皮板性质，厚板皮的针码要比较紧密，水貂皮的针码要均匀。

处理好残缺部位后，还要平整皮形，使其达到应有的长度和宽度，然后定型。平整皮形时先将皮料毛面朝下展平，把水均匀地喷洒到皮板面上，然后皮板对皮板对折，这样做有利于平衡水分。将喷水后的皮拉开展平，准备定型。皮张的定型有平板和钉皮两种方法。平板是用钝刀将皮板铲平后晾干；钉皮是先钉臀部下沿，然后钉臀部上沿，再钉前胯和头部两侧及皮身。钉皮时不能过度拉伸，避免超过裘皮的自然伸长率，狭窄处一定要钉足，其他部位也要钉出所需要的尺码，之后通风晾干备用。

在裁剪之前还需要校配，主要是检查裘皮是否够用，主次部位的搭配是否合理，上下排是否衔接，绒毛是否相克，颜色配搭等是否得当等。目的是在裁料前检查配置工序中的裘皮质量是否符合标准，出皮率是否准确，以免裁制后出现问题。校配后依照所需长度对皮料进行抽刀，使之达到所需长度。

接下来就可以裁料，裁料的原则是“刀锋、剪锐、尺寸准”。尽量确保裁料四边平直，毛锋长短虚实一致，板毛分清，长宽、弯角尺度准确。裁皮时按照下排、中排、上排的顺序来进行。在同一排皮中，先裁中间皮，后裁左右侧皮。裁割最外侧的皮边时，要留出供钉皮后修边用的余量，注意下排皮要带点臀毛，中上排皮要将臀毛去净，上排皮可以留一部分头部的料。

进行毛皮之间的缝合时，要根据皮张特点选用不同的缝接方法。通常水貂皮上下用人字形或锯齿形连接，左右直接连接。另外，斩接也是常用的缝接方法之一，即将几张相似的毛皮横割分段后，先把不同毛皮的相同部位拼接，再依照头、胸、腹的顺序相连，使其看上去像一张皮。

排料时先画出纸样，根据纸样在皮板上画出印迹，将服装的前胸、领面排在毛皮的最好部分，同时考虑污斑、色光、顺倒毛等因素。

裘皮服装的用料计算相对比较复杂，算料的前提是要知道做一件衣服或饰品所需要的裘皮原料的面积，这个数值可以通过测量纸样计算得出。然后，依照所使用的原料及其原料的尺寸规格即可得到一张原料的面积。接着用纸样的总面积除以单张原料面积，即可得到用料数。例如，制作一件水貂大衣，通过对其纸样的测量得出所需裘皮面积约22500cm^2（图5-17），如果采用0号（77～83cm）水貂皮（面积在1100～1200cm^2）来制作，那么所需料数即为：22500cm^2÷（1100～1200）cm^2/张≈20张。

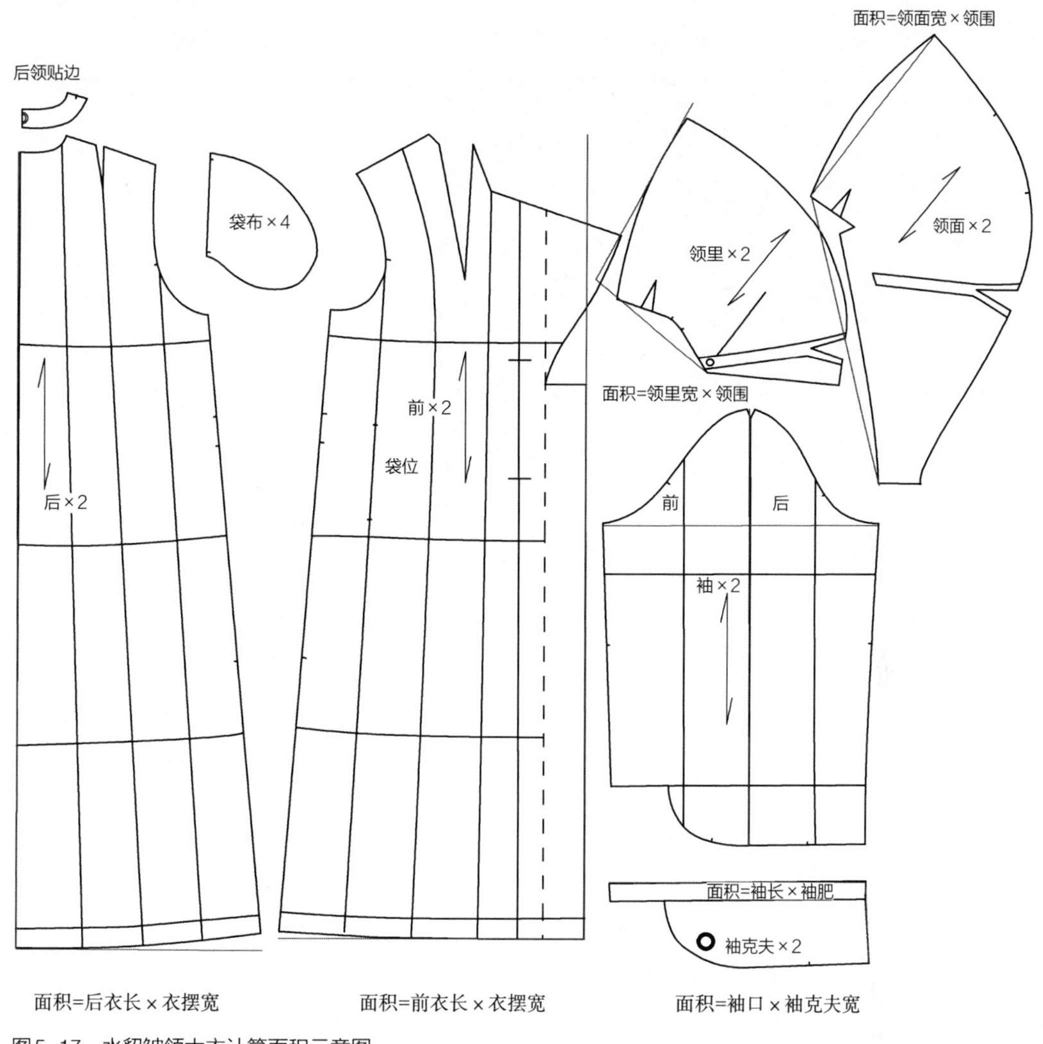

图5-17　水貂皱领大衣计算面积示意图

本章小结

1. 裘皮服装确定用料包括两方面内容。一方面，要确定适合的裘皮品种，即采用何种类型的动物毛皮来表达设计风格？另一方面，即使使用同一张裘皮，也需要确定使用该裘皮的具体部位以及确定裘皮原料的合理布局。
2. 缝合裘皮的损耗不多，因此在设计纸样时，普通面料时装中都有的缝份（多为1cm的做缝）在裘皮制板中可以忽略不计，通常不需要预留。
3. 通常在裘皮服饰设计中，毛皮的走向是自然向下的，因此为避免毛皮拼合省道出现“裂缝”，应尽量设计纵向的省道和结构分割线。
4. 具体的裘皮制衣环节包括配皮配色、开皮、钉皮、裁皮、机缝、定型、修样、缝制、熨烫以及吊制工序。
5. 裘皮服装纸样设计方法包括比例法、原型法、基型法、立体裁剪法、剥样法。目前，我国裘皮服装企业较多地应用比例法进行纸样设计，也有同时应用不同方法。

思考题

1. 简述裘皮服装的生产流程，制作时都需要经过哪些环节？
2. 简述裘皮服装纸样设计的技术要点。

6

第六章　裘皮服装设计原理

学习目的

了解并掌握裘皮服装设计的基本原理

本章重点

裘皮服装设计的发展趋势，裘皮服装的造型、色彩及材质设计特点与方法

第一节 裘皮服装设计发展趋势

随着人工养殖水平的不断提高，裘皮原料的成本也相对降低。可以预见，在今后，裘皮材料将与其他纺织材料或高新技术材料一样，成为服饰设计中必不可少的一种重要用料。在追求时尚、追求个性化的当今，裘皮被制成围巾、披肩、表带、胸花、手袋、头饰等，来满足不同层次消费者的需求，其消费群体日益扩大。另外，裘皮在向用途多样化方向发展，裘皮的使用领域拓宽，进而大大刺激了人们对裘皮的需求。选用裘皮服装与普通纺织材料的服装进行搭配，可以提高服装的整体档次，同时形成不同风格的搭配。

在习惯上，裘皮生产企业将自己划分为相对独立的一个服装行业，与其他纺织材料的服装行业相区别。有自己的行业组织——毛皮业协会或裘皮协会，将其他纺织材料的服装统称为“时装”。然而，当下的裘皮服装业打破了这一传统行规，与时装业保持密切联系（图6-1）。且随着时代的发展，裘皮服装的设计观念正朝着大众化、时装化、年轻化和人性化设计方向发展。

图6-1　日本时装展上的流行裘皮材料搭配

一、时装化

在裘皮材料的流行中，毛的长短和类型有着不同的流行，时而流行长毛的材料，如狐皮和貉皮；时而流行短毛的材料，如貂皮、兔皮和各种鼠皮等；而最近流行长毛与短毛并用，或直毛与曲毛搭配，注重不同材料相搭配的变化效果。在裘皮材料的色彩上也有流行，前几年流行的幻彩被应用到许多材料上，如狐皮、貂皮、獭兔皮和滩羊皮等，还有近几年流行的草上霜、一毛双色和喷脊等。另外，裘皮碎料的拼接和各种处理也有流行，有时是大花纹的流行，有时是小花纹的流行，例如在对水貂皮的处理上就曾流行将深咖啡的材料漂金，并在拼接处喷脊，使材料更富于变化，增加产品的附加值。

在裘皮时装化的发展趋

势下，对时装流行的探讨和借鉴成为设计的主题内容之一。因此设计师应关注和探讨时装流行。裘皮可以丰富时装内容，当然在应用裘皮时可以学习和借鉴时装中流行的设计手段和设计手法。时装界流行的材料在裘皮服饰设计中一样能够成为时尚。例如，裘皮与皮革、针织、蕾丝、珠绣等进行的各种搭配设计（图6-2、图6-3）。另外，在时装界非常流行的各式各样的流苏也被裘皮服装设计师广为借鉴。

时装界流行的款式在裘皮服装设计中同样时尚。例如，双面穿的款式可用裘皮材料和面料结合实现，或对裘皮材料本身的皮板面进行处理，如轧花、印花、覆膜等，使其可以两面穿用，既省去吊里的工序，又符合裘皮向轻、薄方向发展的趋势，而且丰富了设计的内涵。双面穿用的裘皮服装也成为近年来最流行的式样。

图6-2　卡拉库羔羊皮与皮革、蕾丝的搭配

二、年轻化

“年轻人想法和观点的自由性正铸就其成为今天和明天的消费者”——北欧世家皮草联络部主席汤姆·斯蒂菲尔-克里斯滕森（Tom Steifel-Kristensen）早有预见。许多国际大品牌都将青年人作为其消费对象。因此，裘皮服装设计师也应充分考虑到年轻人的消费需要。裘皮服装不能固守以前奢华尊贵的风貌，裘皮服装设计师应充分考虑到年轻人的消费需要。

图6-3　裘皮与针织的搭配

“旧时王谢堂前燕，飞入寻常百姓家”，在过去象征身份和地位的裘皮材料，如今更多地被普通的年轻消费者所使用。而年轻人对裘皮服装的消费需求也应该成为设计师理性思考的问题。例如，在材料的搭配设计上，可以有长毛和短毛的搭配，直毛和曲毛的搭配，使产品更富有动感与节奏的变化。同时注重裘皮材料本身富于变化的特点，以编织服装为例：毛皮的方向变化已成为设计点，如横编、竖编和斜编，当然像貂皮等带针毛的材料如果做方向变化则比较容易有效果（图6-4）；而纹路变化几乎不受材料的限制，裘皮可被编成各种形状，如“人”字、“八”字等。此外，纱网的选择也是设计师注重的因素，因为风格

的变化可以通过更换纱网来实现。例如，使用看似密实的毛圈纱网可以比棉网露出更多底网，增大编织的比例，而又不失其完整性。用蕾丝做网，依蕾丝上图案缠绕毛皮条，又会出现不同的风格。

三、多元化

裘皮这种衣料可塑性很高，通过现代的新技术和新工艺，再加上设计师无穷的创意，如剪毛、拔毛、抽刀、喷色、漂染、镂空、编织，展示出裘皮崭新的面貌。不同的裘皮材料本身具有不同的风格，或华贵，或浪漫，或休闲，或街头……再加上与不同的其他材料相搭配，就更是风格多样。

裘皮服装不能固守以前无比尊贵的风貌，尽管在中国的市场上还有相当的消费者坚持这种风貌，但更多的人正处于尝试和观望阶段，他们对裘皮的喜爱是不会减退的。设计师应注重裘皮材质与时尚的结合，有责任使当今人们追求舒适、轻薄、休闲、反传统、时尚的着装观念得以最大限度的满足（图6-5）。

如今市场中的裘皮热点现象可以理解为人们对裘皮材料的格外重视。我们可以看到各色灯芯绒茄克、牛仔服、猪皮反绒上衣以配毛皮饰边为新颖，各种毛皮的染色也很新奇，长长的滩羊毛往往底色深毛尖浅，短短的獭兔毛也染成一毛双色。有些毛皮看似颜色杂乱，但毛皮的不同部位显现出的颜色差异竟并不影响整体效果，倒显得朴实、自然。例如，上衣的领子、门襟镶着多色拼接的毛皮，低纯度的驼色、黄色、棕色、绿色、黑色、酒红色拼在一块，更显得丰富、休闲。长长的喇叭裤因裤口露出精致的毛峰而显得率真；小裤口的裤腿上缀上一长段毛皮，有些张扬但又显得俏皮。还有裘皮与皮革、珠绣等搭配（图6-6），可以显现出完全不同的风格，这正是裘皮材料设计特殊性的所在，同时也是其发展应用的新趋势之一。

图6-4　酷感与质感兼具的混编裘皮中衣

图6-5　反传统的裘皮服装设计

图6-6　裘皮与珠绣的搭配

四、人性化

当社会经济水平达到一定程度时，消费者就会对设计产品产生更高的要求——包含除实用之外的心理的、精神文化的需求。裘皮服装设计也一样，正朝着人性化方向发展。

时尚裘皮服装设计师需要不断地吸吮前人的精髓，在自然与人性化的设计理念倡导下，创造贴近生活而又超越时代的经典。

（1）追求产品的趣味性和娱乐性是人性化设计的典范之一。设计师的产品设计不仅要满足人们的基本需要，而且要满足现代人追求轻松、幽默、愉悦的心理需求，当然生产商的经济效益也是可想而知的。

（2）满足深层次的精神文化需求是人性化设计的另一个典范。设计师可以将设计触角伸向人的心灵深处，通过富有隐喻色彩和审美情调的设计，赋予产品更多的意义，让消费者心领神会而倍感亲切。例如，图案回归自然的设计，自然界中秀美的树叶、生机勃勃的向日葵、奇妙的斑马纹路，使人们从中嗅到清新质朴的大自然气息。

（3）设计师还可以在如何使产品更具个性化及适合人体体型等方面进行研究和探讨，使设计的产品符合消费者需求。在裘皮服装的设计上应重点把握尺寸与款式，使之适合人体。

（4）消费者对那些具有创新设计思想并与他们的想法有关的产品表现出强烈的兴趣。设计过程不仅是设计师借助技术和发挥想象力的过程，还是设计师与消费者不断对话，表达消费者愿望的过程，越来越多的年轻人希望设计师们为他们设计出引导时尚的个性化产品（图6-7、图6-8）。

图6-7　色彩温婉的裘皮拼接外套

图6-8　富野性原始感的裘皮中衣

第二节 裘皮服装造型设计

一、裘皮服装的廓型设计

裘皮材料一般都比较厚实，比较适合制作各类外套、大衣，而其裁制拼接工艺又较普通面料的服装更为复杂，因此裘皮服装多采用整体感强、外观自然宽松的造型，例如平肩、不收腰、筒形底摆的H型（图6-9），肩部夸张、底摆内收成上宽下窄的T型（图6-10），肩、胸造型较小、底摆宽大、整体外形近似于字母A的A型（图6-11），以及紧身合体、收腰的X型廓型结构等（图6-12），这也是裘皮服装在廓型上与纺织服装廓型的不同之处。鉴于这个特点，裘皮服装在传统的造型上比较趋于稳定，主要变化在于衣服长短和衣身宽窄等方面。

裘皮服装由于材质和加工工艺的特殊性，其外轮廓造型风格存在一些特定的表现形式，如硬朗风格、雍容华贵风格、庄重端淑风格等。硬朗风格的设计多用于外套、披肩等，采用比较普遍的H型、T型、A型，线形挺拔、简练，以直线居多，弧线较少，零部件较为夸张，装饰不多，给人一种硬朗风格的印象。除上述这些外轮廓造型可以打造出雍

图6-9 H型廓型设计的裘皮大衣

图6-10 T型廓型设计的裘皮上衣

图6-11 A型廓型设计的裘皮大衣

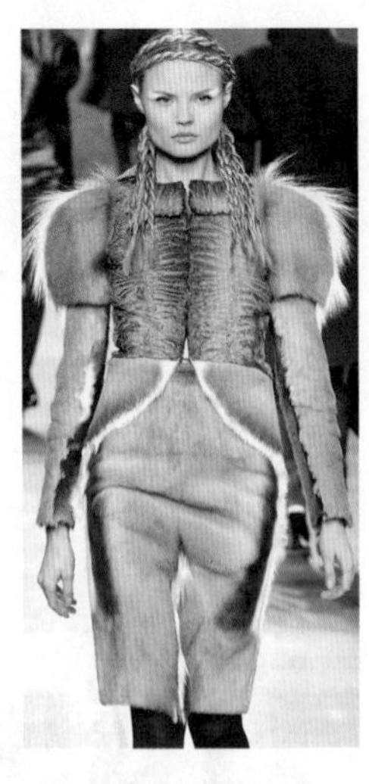

图6-12 X型廓型设计的裘皮外衣

容华贵的气质外，还可以与丝绸、织锦、绒缎类织物混用，使雍容华贵感更加凸显。而毛皮材料与秋冬呢绒面料更适合打造庄重端淑的服饰风格。如精纺的呢绒面料和毛皮材料搭配时，一薄一厚，一实一蓬，富有节奏感。而粗纺的呢绒面料和毛皮材料搭配时，呢绒面料那种粗犷的肌理与毛皮风格非常协调，显示出庄重端淑的风格。

二、裘皮服装的款式构成

与服装的廓型相反，服装款式构成指服装的内部结构，包括服装的领、袖、肩、门襟、省道、底摆等细节部位的造型设计。服装款式变化可以支撑、丰富服装的外部廓型，而服装外部廓型的变化又制约着服装款式的变化。

服装款式风格与服装廓型风格应相互一致或呼应。以典型的H型服装廓型为例：H型廓型也称长方形廓型，其造型特点是较强调肩部造型，自上而下不收紧腰部，筒形下摆。H型廓型给人以修长、简约的感觉，具有严谨、庄重的男性化风格特征。按照H型廓型的风格特征，其内部的造型线设计通常偏重于或垂直或水平的直线形，使其内外风格一致，内部结构为外部造型的细化与内展，内外相互呼应，将H型简约、庄重的中性化风格特征表达得更为准确到位（图6-13）。

在进行裘皮服装内部款式设计时，服装的局部造型可以演变成服装外部廓型的局部，如耸立的领子、宽大的袖口、突出的外贴袋等。无论服装内部款式如何变化，内外造型风格的统一尤为重要，因为服装内部的局部造型并非独立存在，各个局部和细节之间应当互相关联、主次清晰。例如，在裘皮复古风尚中，设计师在时装设计中汲取大量的复古元素，不断吸纳经典设计中的精华和灵感。在款式和局部线条方面，出现将丰盈质感的高雅格调与20世纪50年代的精巧裁剪完美结合的设计作品，服装的线条简洁明快。各个部位的褶裥处理、不对称的剪裁、喇叭袖、蝙蝠袖、袖口紧缩的灯笼袖等无不散发出复古的优雅气质（图6-14）。

图6-13　与H型廓型风格一致的内部直线分割

图6-14　复古优雅的喇叭袖设计

三、裘皮服装局部细节设计

服装局部细节指服装的局部造型设计，多指内零部件的边缘形状和内部结构的形状。常见的局部细节设计有：领、袖、口袋、门襟、褶、扣结等零部件细节设计以及图案、工艺、面料等局部处理。

在裘皮服装设计中，局部细节的设计点除体现在服装的装饰部位、形态设计、工艺手段、面料设计及附件设计上，还体现在各种服装风格的表面装饰上。例如，设计师让-保罗·高提耶（Jean-Paul Gautier）将裘皮与经过特殊处理而带有醒目光泽度的皮革面料相结合，让裘皮看起来不那么笨重，且多了些狂野与自然。而亚历山大·麦昆（Alexander McQueen）在秋冬发布会中，则将法国路易十四加冕时穿着的裘皮衬里直接应用在外，复古之情显而易见（图6-15）。

当然，设计师进行局部细节时，既要注意裘皮服装设计的整体需求，也要融合当下的时尚风潮进行应时应景的设计。

图6-15 亚历山大·麦昆裘皮设计作品

第三节 裘皮服装色彩设计

裘皮服装的材料为动物毛皮，虽然其本身有着非常迷人的色彩和纹路，但是出于追求时尚和变化的审美需要，设计师将其染成各种颜色，并用丰富的色彩搭配来体现设计创意。

一、单一色彩设计

因不同地区、不同宗教、不同民族及传统习俗的特定需要，人们在长期社会实践和生活体验中，逐渐形成对色彩的理解和感情上的共鸣，从而赋予某种色彩以特定的情感象征含义。

红色是热烈奔放的色彩，让人想到血与火，它是生命的颜色。黄色亮丽、活跃，在中国古代作为皇帝的专用色，是权贵的象征。尽管裘皮材料本身并没有金光灿灿的黄色，但是设计师可以根据设计需要将其染色或漂色，使其呈现出金碧辉煌的效果（图6-16）。蓝色清静、宽广、博大，是人们公认的大海与天空的色彩。白色光明、神圣、纯洁，是万色之源的颜色。裘皮服装中，纯白色或米白色的裘皮更是难得且价高的材料，深受设计师的追捧。黑色是严肃、刚健、恐怖的象征，比较沉稳，易于和其他颜色相搭配，成为盛行不衰的颜色。对于一些有着天然花色和纹理的名贵貂皮、狐皮等，应尽可能利用其自然的颜色和纹理，不要随意染色而破坏其自然美感。天然裘皮之所以昂贵是因为其独一无二的品质，这是人工加工所无法达到的。

单一色彩配色也称为单色配色，是服装配色中的一种配色形式，这种配色的效果较为简约。单一色彩配色并非仅仅只是同一颜色的重复使用，而是通过一种颜色的不同色调和明暗度的搭配组合，让单一的颜色产生神奇的变化效果，打破同一种颜色容易带来的沉闷与单调。在创作时，可用同一种色彩作深浅两色或加中间色配合（图6-17）。注重服饰整体深、中、浅用色的合理配置，深浅底色的衬托要适宜。裘皮设计师常常会用某一色彩来进行色彩配置设计，而越是单纯的色彩配置越能体现出设计师在材质、款式等方面所下的功夫。

二、多色搭配设计

多色搭配是一种较难掌握的配色方法。色彩的配置以所要表现的主题为依据，色彩组合要协调。通常，多种色彩配置有以下方法。

1. 同类色配置

同类色的配置有统一协调的感觉，如红色与橙色、橙色与黄色、黄色与绿色的搭配等，具有单纯、柔和，主色调明确，耐看的特点。在实际设计应用中，由于选择搭配的颜色较为接近，对比较弱，所以搭配起来很容易调和（图6-18）。

2. 邻近色配置

邻近色配置指在色相环上相邻近的各种颜色（相隔30°左右）的组合，如黄色、橙黄色与橙色，红色、黄红色与黄色等组成的配置方法等（图6-19）。在设计应用中，邻近色差别很小，对比微弱，

图6-16　漂金貂绒短外套

图6-17　深浅蓝色的搭配

图6-18　同类色配置

因此配色显得单调，可以通过明度、纯度的对比变化来弥补色相感的不足。

3. 对比色配置

对比色搭配是审美度很高的配色，色调变化丰富，给人以明朗、活跃感。在色相环上互为补色的红绿色用于服饰的搭配，红色显得更红，绿色显得更绿，经过补色的对比，各自相得益彰，鲜丽夺目。红绿并列，色彩的明暗在视觉上会让人产生相应的生理感觉，除去冷暖之外，还会由于暖色亮而显得突出、靠近，冷色暗而相对显得距离远，使人有远近、凸凹的立体起伏感，而不会感到红绿搭配的刺激性，反而因为冷暖、明暗层次的对照和空间远近的对照而感到配色大胆、直率（图6-20）。

4. 无彩色配置

无彩色之间的搭配几乎不存在禁忌，这也正是其受人们喜爱的原因所在。裘皮服装中最常用的色彩是黑色和白色，且运用得十分巧妙，再配以各种色彩，从而产生富丽的色彩感受。无彩色的黑色、白色作为副色出现在服装中，由于它的中性特征，故常作为主要颜色间的缓和带而出现（图6-21）。

通常，设计师可以用两种方法来达到多色搭配的和谐视觉效果：一种方法是选择一种颜色为主色，其他颜色为副色，副色可以选择主色的类似色，并进行明度或纯度的变化来搭配，这种方法比较容易取得统一（图6-22）；另一种方法是当所用的多色处于均衡搭配时，人们会改变这些颜色在服装中的位置和形状，使得这些颜色非均衡地出现在人们的视野中（图6-23）。

在裘皮服装设计中，设计师不仅要掌握色彩的流行趋势，更要考虑色彩与裘皮这一材料所特有的肌理和质感之间的内在联系。时尚裘皮服装设计非常重视时代感的体现，设计师从广泛素材中采集色彩元素并与流行色结合运用，配合单色漂染、多色漂染、渐变漂染、喷染、印花等新的染色技术，为裘皮服装设计带来丰富的色彩视觉效果。

图6-19　邻近色配置

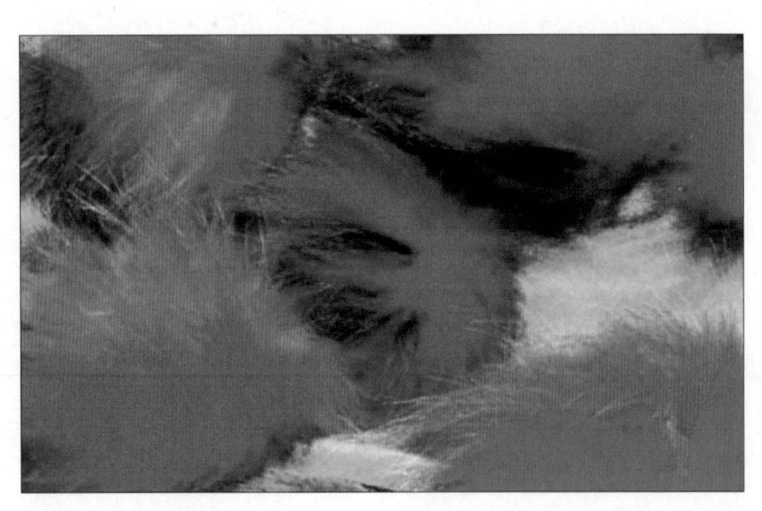

图6-20　对比色配置

图6-21 无彩色与有彩色的搭配

图6-22 以黄色为主色的多色搭配

图6-23 多色搭配的狐皮碎料短衣

第四节 裘皮服装材质设计

对裘皮材料的再创造设计是当代裘皮服装设计的重要创新手段之一。设计师尝试运用新的制作技巧与现代设计观念相结合，着力于改变裘皮服装材质的肌理与质感，运用剪花、雕刻、激光、镂空、刺绣、钉珠、拉伸等多种工艺处理方法来创造全新的感观效果。

一、材质设计的构思

（一）确定主题和风格

任何一种设计都是有目的、有定向的，这是设计中最基本的原则。如图6-24所示，通过剪花的方式，用裘皮来模仿条绒的效果，使其材质趋向自然质朴；浪漫风格的服装所用的材质可以倾向于薄或透的质感，也可以与有着浪漫气息的纱、蕾丝、花边等辅材相搭配。

图6-24 裘皮剪花仿条绒效果

（二）灵感来源

（1）来自自然界的灵感：长期以来，设计师以自然界为设计源泉，将不同质感的材料直接应用在裘皮服饰上，产生极其美妙的效果。如图6-25所示，设计师以海螺螺纹转作为灵感来源，设计了一系列裘皮服饰。

（2）来自姐妹艺术的灵感：绘画、雕塑、现代装置艺术、纤维艺术、建筑、摄影、音乐、舞蹈、戏剧、电影等都各自具有丰富的内涵与表现手法，是服装材质设计主要的灵感来源之一。裘皮服装设计师在材质设计上往往吸收某种艺术形态的表现手法，准确和谐地应用到作品中，达到令人意外的效果。

（3）来自科技的灵感：

设计构思：以方圆为设计主题的系列服饰，将裘皮分割、旋转与重组，产生盘旋舞动的感觉，将裘皮飘逸的感觉呈现得淋漓尽致。与此同时，裘皮与皮革相结合，形成软硬的质感对比

图6-25 以海螺为灵感来源的裘皮系列设计

服装材质在某些方面依赖于科技的进步和发展。在当今服装界，利用新颖的高科技服装面料和利用高科技手段改造面料表面效果是设计师追求的方向。高科技成果为设计师提供必要的条件和手段，如现今流行的涂层面料，在皮板面涂上一层化学制剂，使面料表面产生反光效果，这与毛皮的亚光效果产生鲜明对比。

（4）来自其他民族的灵感：人类的好奇心促使人们对另一民族的文化产生浓厚的兴趣，这促进了各民族之间的心灵沟通与文化渗透。所以材质上借鉴民族服装的作品屡见不鲜，传统民族服装为设计师进行材质创新带来灵感，如中国苗族、景颇族等少数民族的银饰，非洲土著民族的草编质感服装等，都受到设计师的钟爱（图6-26～图6-28）。

此次灵感主要来源于甘肃敦煌地区的风景等，甘肃敦煌的雅丹地貌和沙漠相呼应，突出红黄色浓烈的背景衬托。服装上结合藏族服饰特色与色彩搭配，想要表达一种“大漠孤烟直，长河落日圆”的磅礴孤寂的美丽

图6-26 以甘肃敦煌地貌为灵感来源的裘皮系列设计

有传闻“先有大昭寺，后有拉萨城”，从清晨到日暮，酥油的味道浓烈地弥漫飘散在嘈杂人群里，大昭寺是松赞干布为迎娶尺尊公主而兴建

听闻有一些永远倒在路上的朝圣者，同伴就拔下他们的牙，揣在怀中继续前行，来到大昭寺，在金像前的柱子上塞入伙伴的牙齿，为自己也替别人完成朝圣之旅，日积月累，便有了这样一个镶满人牙的木柱，颜色已经愈发深黑

图6-27 灵感来自藏族服饰的裘皮服装设计

图6-28 来自少数民族银泡装饰的设计灵感

（5）来自历史传统的灵感：服装的历史是人类宝贵的遗产，历史上的代表性服装凝聚了其朝代的精华，是前人丰富经验的积累和审美趣味的表现，对现代材质的创新有深刻的影响。中国传统的刺绣以及镶、盘、绲、编结等传统工艺形式（图6-29），西洋服装中立体材质造型如抽皱、花边装饰、切口堆积等方法，都被现代设计师所吸收，应用到现代裘皮服装材质设计中。

二、材质设计的方法

服装材质的设计创新在于将传统材料与流行材料通过有目的的破坏、重组、堆砌、涂鸦和后整理等方式来改变材质的某些属性，强调肌理带来的视觉冲击。肌理与众不同的特殊质感在于设计师人为制造出的丰富变化。肌理的表现一般可以分触觉和视觉两个方面。

（一）触觉肌理

就材质设计而言，触觉肌理设计除新材料是由于内部织造形成的肌理效果以外，一般是对现有的材质进行再创造性加工，使表面产生新的肌理效果，丰富材质的层次感。不同的材料对象有不同的表现加工方式，以下介绍四种设计方法。

1. 材质的立体型设计

改变面料的表面肌理形态，使其形成浮雕和立体感，具体设计方法有皱褶、折裥、

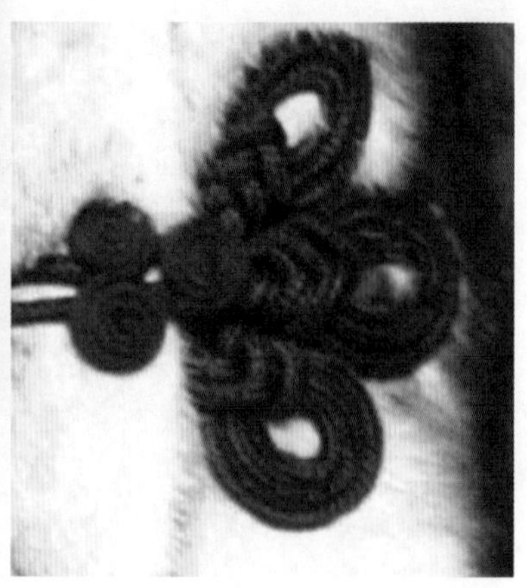

图6-29 来自中国盘扣工艺的灵感

抽缩、凹凸、堆积。现代裘皮服装设计中立体型设计有的用于整块面料，有的用于局部，与其他平整面料形成对比（图6-30）。

2. 材质的增型设计

在现有的裘皮材质上通过贴、缝、挂、吊、绣、黏合、热压等方法，添加相同或不同材质的材料，如珠片、羽毛、花边、贴花等，形成具有特殊新鲜感与美感的立体设计效果（图6-31）。

3. 材质的减型设计

破坏成品或半成品材质的表面，使其具有不完整、无规律或破烂感等特征，如镂空、裁切等（图6-32）。

4. 材质的钩编织设计

用不同的纤维制成的线、绳、带、花边，与毛皮一起通过编织、钩织或编结等各种手法，形成疏密、宽窄、连续、平滑、凹凸、组合等变化，直接获得一种肌理对比的美感（图6-33）。

（二）视觉肌理

把自然肌理中写实的、变形的、抽象的等多种形式反映在材质上，达到虚实相映、聚

图6-30 皱褶工艺形成的立体型设计

图6-32 水貂皮的减型设计

图6-31 卡拉库羔羊皮的增型设计

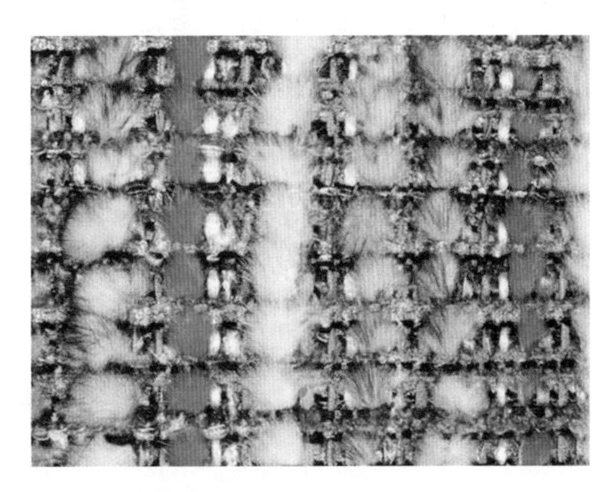

图6-33 裘皮的钩编织设计

散有形、刚柔相济、穿插有序、浓淡相宜等和谐状态，给人或逼真、或朦胧、或冲击、或空间的视觉美感。

1. 具象表现

具象的形态，如盛开的花朵、宁静的树叶、摆动的小草、漂亮的鸟羽、动物的毛纹……采用模拟、仿生的手法，经过艺术的创造加工和提炼，把具象形态以写真或概括形式展现出来（图6-34）。

2. 几何表现

几何形态是人类最初的纹样造型，通过点、线、面的有规律或无规律的构成组合，形成几何画面效果，并带有深深的哲理和精神内涵（图6-35）。

3. 抽象表现

抽象形态源于自然界中偶然的、无形的、随意形成的状态，如水在玻璃上流动的形态、鹅卵石的纹理……其造型特殊别致，表面肌理新奇有趣，是一种不经雕琢、浑然天成的自然美。

4. 装饰表现

装饰表现主要是将具象形态、抽象形态、几何形态以不同的方法反映在裘皮服装材质上，其中包括扎染、喷染、丝网印、镂空印等。不同的印制方法呈现出不同的视觉肌理风格。

三、材质设计的风格

裘皮材质设计的风格往往受到材质风格的影响，不同材质和不同质感给予人不同的印象和美感，从而产生各异的风格。在设计中，应将材质的潜在性能和材质自身的风格发挥到最佳状态，把材质风格与表现形式融为一体，准确地与整体风格相结合。华丽古典风格所选貂皮、狐皮等材质，可配以格调高雅的手工刺绣（图6-36）；柔美雅致风格多采用柔软、平滑、悬垂性强的材质（如貂绒）以及

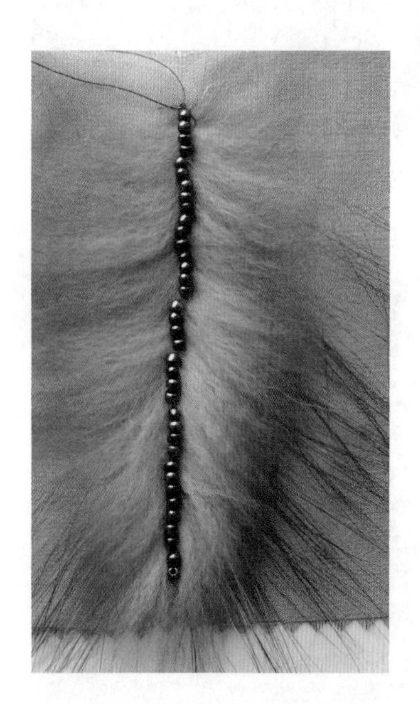

图6-34　仿羽毛的裘皮材质再造设计

图6-35　几何形拼接的裘皮面料

图6-36　高雅的刺绣与高贵的卡拉库羔羊皮搭配

镂空、编织工艺、间皮工艺（图6-37）等；民族风格多采用朴素、天然及手工味强的材质，再加以扎染、刺绣、镶、嵌、盘、绲、缠等装饰手法（图6-38）；自然原始风格的设计多采用各种天然裘皮材料，强调不规则表面效果及粗糙未加工的感觉（图6-39）；前卫风格多采用表面经过加工处理的裘皮，如喷染有光泽及金属闪光感的颜色，有时也搭配一些典雅、传统风格的面料，使其产生强烈对比，以示其反传统、反体制（图6-40）。

图6-37　柔美雅致的染单色银狐间皮工艺短衣

图6-38　强调民族味道的盘缠装饰

图6-39　注重表面不规则效果的自然原始风格

图6-40　强调材质对比的前卫风格

四、单一材质与混搭组合设计

（一）单一材质设计

1. 单一碎料组合设计

单一碎料组合设计是在裘皮修整以及缝制服饰品的过程中，将裁剪下的边缘和小块皮进行组合的材质设计手法，例如，头尾、四肢和腹部等小块裘皮都属于边角余料，可按照各自的种类、大小、颜色、毛被稠密度、光泽、卷曲状态、皮板厚薄、柔软性等要素加以分选，然后制作相应的裘皮碎料制品。

裘皮单一碎料组合，主要是由单一品种、同一部位的裘皮材料组合而成。组合后产生有组织的立体浮雕效果。貂皮与狐皮是使用最多的裘皮服装材料，貂皮的组合材料较碎，比较适合整皮使用。而狐皮的组合材料面积较大，如后腿等部位可做切割、打散处理，进行二次再造。单一品种组合，一般都是拼接成60cm × 120cm的褥子再制作成裘皮服装。

单一碎料的组合虽然较为单纯，但也应遵循一定的形式美法则。例如，在组合时，裘皮材料的比例、色彩冷暖分配不应相等，而要有主次之分，并且有突出与强调的重点。均衡与韵律是组合的目的，要善于打破拼接后呆板感而使其具有活泼、跳跃、节奏、运动、丰富的造型。统一表现在造型、款式、要素、构图的整体上，既包括材料搭配组合的统一，也包括组合的风格与时尚流行的统一。因此，对单一裘皮碎料的组合再造并非将裘皮碎料进行机械拼接，也需要多样与变化（图6-41）。

2. 单一整料设计

单一整料设计，即整件服装由单一的裘皮原料制成。相对来说，这一类的设计在选材方面较为单纯，设计师一方面可以通过款式来表达设计思想，另一方面也可以通过材质的色彩搭配或肌理来突出设计创意（图6-42）。

（二）混搭材质设计

材质的多元组合在裘皮服装设计中常被采用，如裘皮与革皮、针织物、机织物等面料相结合，使其更具时尚性，更能适应季节变化的特点。将裘皮与不同材质综合起来的设计手法，会形成材料与图案方面的强烈反差，使裘皮材质更富于变化，更加年轻时尚，给人

图6-41 单一碎料的组合设计

图6-42 强调材质肌理的单一整料设计

耳目一新的视觉感受。

1. 多种碎料组合设计

与单一碎料组合设计相比，其制作工艺更为简单方便，但在拼接时同样应遵循形式美法则。在选料上可选兔皮、狐皮、貉皮等不同部位、大小、品种、色彩的原材料并进行自由组合，但原材料的比例分配是重点，比例不可等同。通过对比运用，可达到凸凹不平、大小不等的立体空间感和艺术化造型。在色彩搭配方面，这类组合设计变化比较丰富，多种颜色的原材料依照形式美法则应有主有次地组合成成品褥子，再制作成品。这种组合方法适用于各种裘皮服装，是提高产品附加值的一个好方法（图6-43）。

图6-43 日本东京街头流行的多种碎料组合设计包

多种碎料组合后还可以进行二次再造，这里主要指在碎料组合后如何提高碎料在服装中的使用率。由于碎料在拼接时会遇到毛向及毛的长度、厚度及色差的影响，特别是狐毛会产生高低不等的效果，因此可以通过染色法、印花法、剪毛法等加以处理，这样可使碎料具有整体感、统一感。

2. 不同毛质组合设计

在设计服装时将不同裘皮进行巧妙搭配，常常能收获意想不到的效果。例如，以粗毛皮或杂毛皮（如羊皮、狼皮、兔皮）做衣身和袖子，而领子和袖口则用品质高的细毛皮（如狐皮、貂皮），这样的毛质搭配既可以节约成本，又提高服装的档次。毛皮碎料与整皮的拼接组合也可达到这样的效果（图6-44）。

图6-44 橡羔羊皮配银狐腿皮边饰中衣

不同的工艺也会使裘皮材料本身的肌理发生变化，因此成为设计师尝试的突破点。例如：将裘皮编织与毛革材料结合；利用改变毛皮材料表面肌理效果；运用精湛工艺将不同材质的面料拼接起来，如将自然色的蓝狐皮、红狐皮、獭兔皮、草兔皮、皮革等原料混合编织。风格上的冲突和内在的联系会产生意想不到的视觉效果。另外，裘皮的种类不同，其毛皮的长短、直曲状态也各不相同，设计师可以通过这些毛质的特性来选择与混搭（图6-45）。

裘皮服装因其材质的特殊性，皮厚毛长，不适宜大面积运用揉、皱、折、堆砌等常用的再造技巧，通常采用印花、绣花、镶嵌毛条、局部镂空、剪绒及毛条编织等手段来达到不同的设计效果。

3. 不同材质组合设计

裘皮材料可以与不同的面料相组合。高档、细腻、柔软、精致的羊绒或其他纺织面料，可以搭配华贵、细腻、柔软、典雅的裘皮材料，如雌性动物裘皮或经剪绒、拔针处理后的裘皮（图6-46）。与此相反，粗犷、新奇、具有男性化风格的服装面料，则不宜选配毛绒过于细腻、柔软的裘皮作为搭配，因为这种粗犷风格的服装面料对于裘皮材料的品质要求不是很高，适合选用同样具备奔放、阳刚气质的雄性动物毛皮。此外，还可根据设计风格需要，搭配其他常用机织材料，如丝绸、蕾丝、雪纺、牛仔布等。

各种材料与裘皮材料搭配的热销，说明在如今的时尚设计中，设计师越来越重视各种材质的选择和搭配（图6-47、图6-48）。

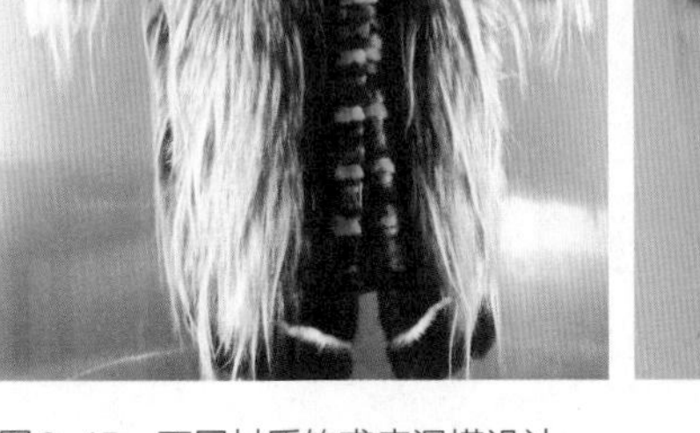

图6-45　不同材质的裘皮混搭设计

图6-46　裘皮与针织面料相配

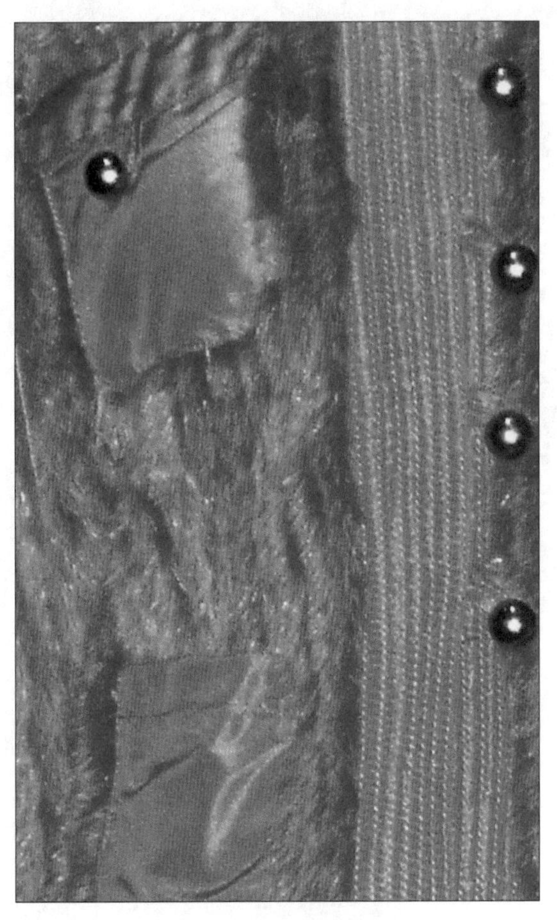

图6-47　真丝与水貂绒相搭配的编织夹克

图6-48　裘皮与丝绸相搭配

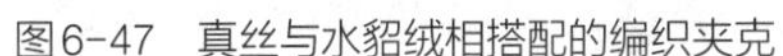

本章小结

1. 裘皮服装的设计观念正朝着时装化、年轻化、多元化和人性化设计方向发展。
2. 在进行裘皮服装内部款式设计时，服装的局部造型可以演变成服装外部廓型的局部，如耸立的领子、宽大的袖口、突出的外贴袋等。无论服装内部款式如何变化，内外造型风格的统一尤为重要。
3. 在裘皮服装设计中，局部细节的设计点除体现在服装的装饰部位、形态设计、工艺手段、面料设计及附件设计上，还体现在各种服装风格的表面装饰上。
4. 裘皮材质的触觉肌理设计主要通过材质的立体型设计、材质的增型设计、材质的减型设计和材质的钩编织设计这四种方式来呈现。
5. 裘皮材质的多元混搭组合可以通过多种碎料组合、不同毛质组合以及不同材质组合这三种组合方法来实现设计创意。

思考题

1. 举例说明裘皮服装设计的发展趋势。
2. 简述裘皮服装造型设计要点并试以图例来加以说明。
3. 简要说明裘皮服装的多色搭配设计要点，并辅以自己的设计来加以说明。
4. 简述裘皮服装材质设计的构思过程。

7

第七章 裘皮服装设计效果图表现技法

学习目的

了解并掌握不同类别、不同风格、不同画材的裘皮服装设计效果图表现技法

本章重点

裘皮服装设计表现中主要难点的攻克方法

第一节 裘皮服装设计草图

裘皮服装设计草图具有一定的特殊性，需要表现裘皮服装独特的外形轮廓、款式结构、细节修饰以及裘皮材料的拼接方式，通常可分为记录性草图和创意性草图两种。

一、记录性草图

裘皮服装的设计与普通面料服装设计一样，设计师需要在市场调研及收集流行信息等资料的基础上来完成设计，记录性草图就在这个过程中产生。可以在任何时间、任何地点，以任何工具，甚至简单到一支铅笔、一张纸便可以绘制。记录性草图的目的就是随时对所见到的服装实物、资料中所需要借鉴的款式、结构或细节进行速写式的记录（图7-1）。

二、创意性草图

创意性草图是设计师在设计构思初期，对突发灵感的图形记录。通过简洁的勾画与简短的文字说明，记录设计师的兴趣、人体姿势、材料、细节、颜色和环境因素等，反映设计师的创作激情和设计意图（图7-2）。

图7-1 记录性草图

图7-2

图7-2 创意性草图

第二节 裘皮服装工艺结构图

裘皮服装工艺结构图是为指导和记录裘皮服装的款式工艺结构和细节设计之用。裘皮服装工艺结构图是为制板人员提供工作方便，因此在设计图上需要清晰准确地标明具体的规格尺寸和工艺要求，并配合实际选用的裘皮材料加以辅助文字说明。另外，裘皮材料的拼合方式以及毛向是裘皮服装设计的重点与特殊点所在，因此，相应地在裘皮服装工艺结构图中也要明确地反映出来（图7-3）。

图7-3 裘皮服装工艺结构图

第三节 不同裘皮材料的表现技法

一、长直毛裘皮的绘制

长直毛的裘皮材料主要有狐皮、貉皮和山羊皮等。从材料的外观来看，狐皮的品种比较多，针毛的外观也各异，但底绒都比较丰满，在外观上给人以富贵之美。貉皮的毛绒丰满，且针毛颜色富于变化，整体外观看上去比较富有动感。山羊皮的毛峰长，但是底绒不够丰满，所以看起来并不丰厚。

（一）狐皮的绘制

狐皮是比较昂贵的裘皮材料，因为其底绒丰满，针毛富有光泽和变化而呈现出多变的外观，例如金岛狐皮娇贵（图7–4）、蓝狐皮柔和（图7–5）、银狐皮飘逸。因此，在绘制表现的过程中，要注意把握外观的细节差异，更准确、更好地表达出不同的质感。

图7-4 娇贵的金岛狐皮

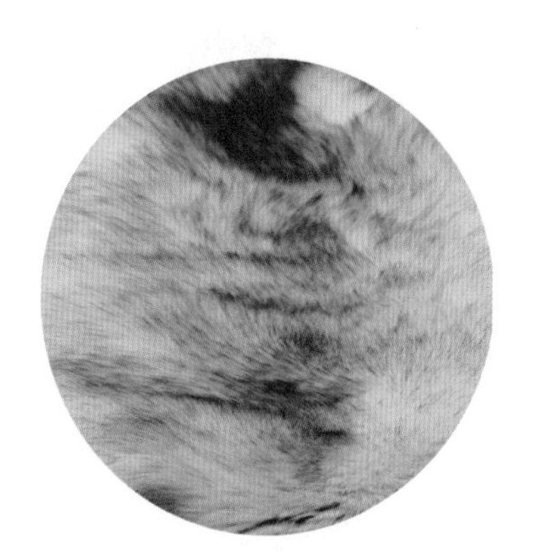

图7-5 柔和的蓝狐皮

1. **蓝狐皮的绘制**

（1）绘制步骤：见图7-6、图7-7。

（2）绘制要点：蓝狐皮的特点是底绒丰厚而针毛并不特别长，因此蓝狐皮的外观显得温婉一些。在设计图的表现中，要注意强调蓝狐皮的丰满和相对圆润的视觉效果，避免产生过于生硬且明显的笔触，注重整体效果的把握，不要纠结于针毛的细节刻画。用线的时候也要尽可能用较为圆润的线条，表现蓝狐皮毛绒的触觉感受。

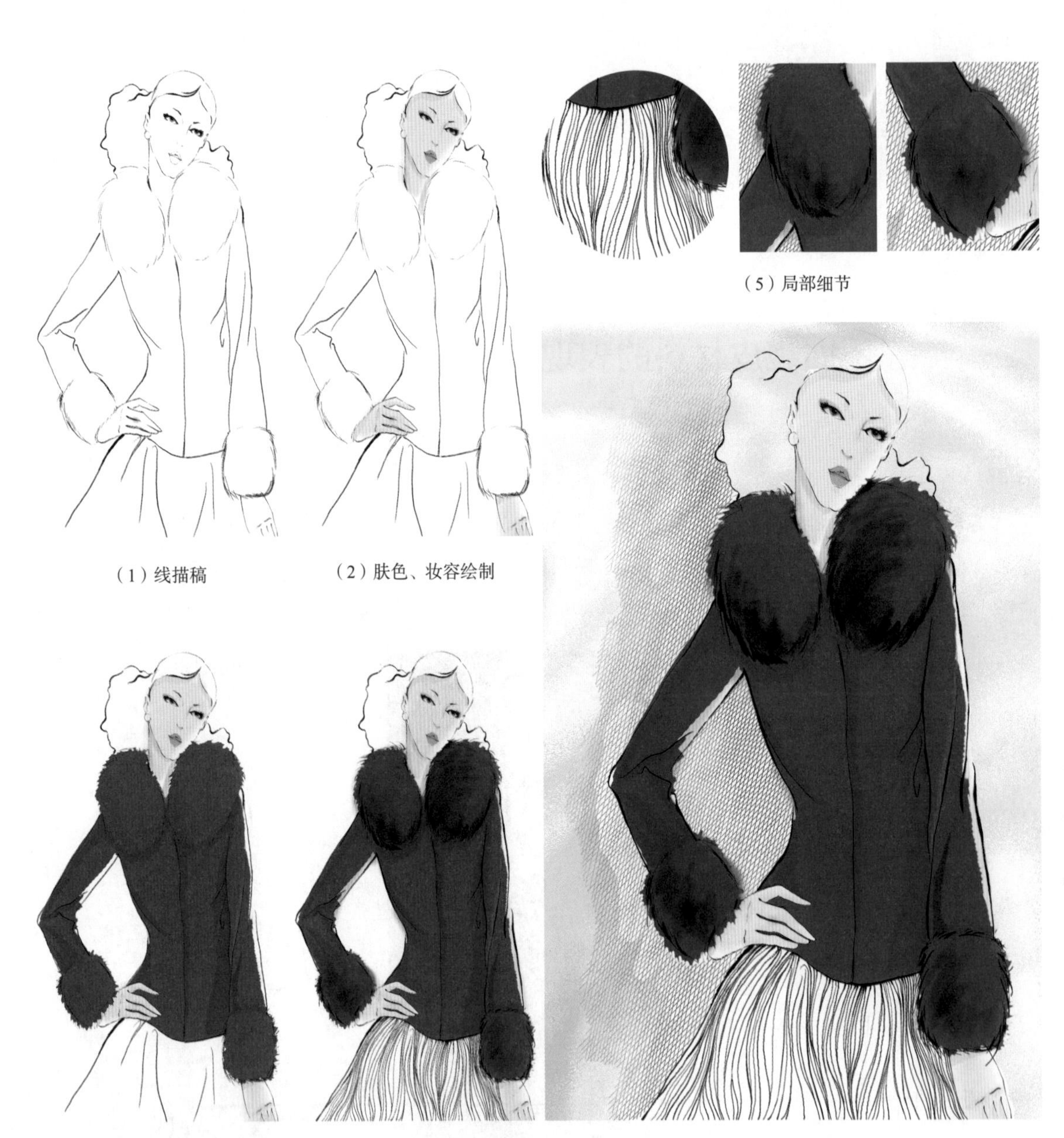

（1）线描稿　（2）肤色、妆容绘制　（3）上衣铺色及把握大关系　（4）上衣质感刻画及裙子绘制　（5）局部细节　（6）完成图

图7-6　蓝狐皮的绘制一

（1）线描稿

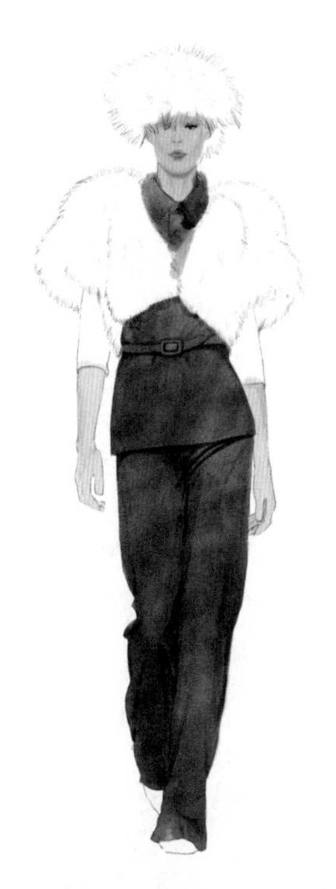
（2）肤色、妆容绘制与复转底色

（3）裘皮部分铺色及把握大关系

（4）质感刻画

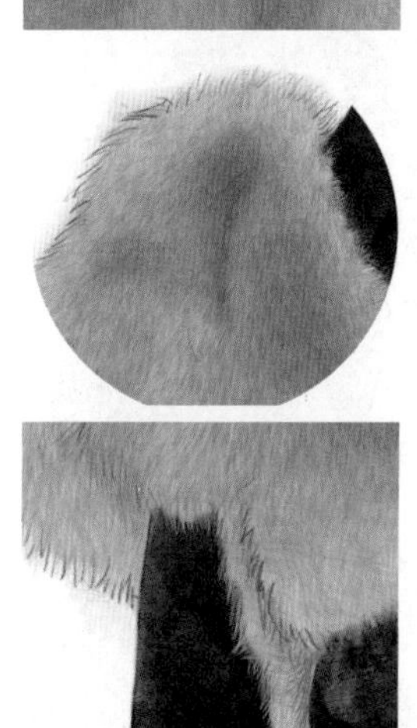
（5）局部细节

（6）完成图

图7-7　蓝狐皮的绘制二

2. 银狐皮的绘制

（1）绘制步骤：见图7-8、图7-9。

（2）绘制要点：银狐皮除拥有丰满的底绒外，色彩变化丰富的针毛是其独有的特色。银狐皮的针毛较蓝狐皮、白狐皮等狐皮的针毛更长，更为顺直，因此更富有动感。在这类裘皮的质感刻画中，要注意强调它本身的毛皮特征。图7-8银狐领子的刻画中，要先用色块表现出领子的明暗关系，将银狐皮丰满的质感表达出来，然后用线条强调和勾勒。

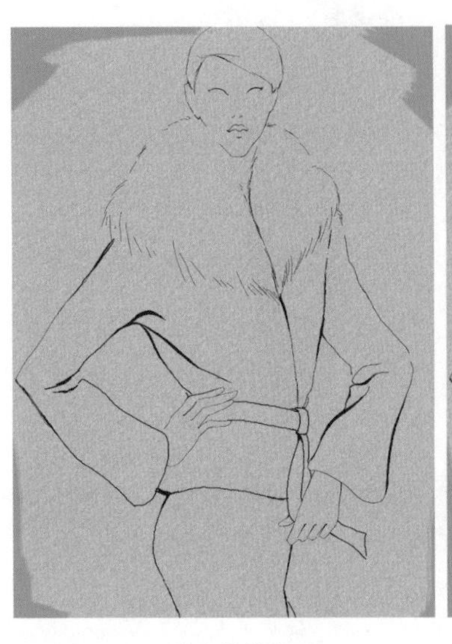

（1）线描稿

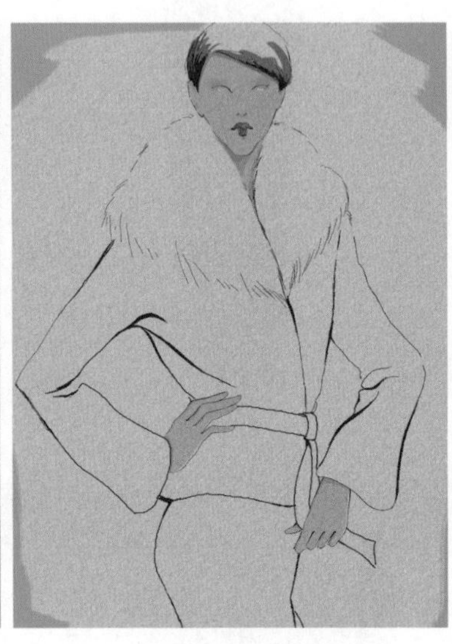

（2）肤色、五官和头发绘制

（3）上衣铺色

（4）绘制裤子及刻画衣身的质感

（5）局部细节

（6）完成深入刻画

图7-8 银狐皮的绘制一

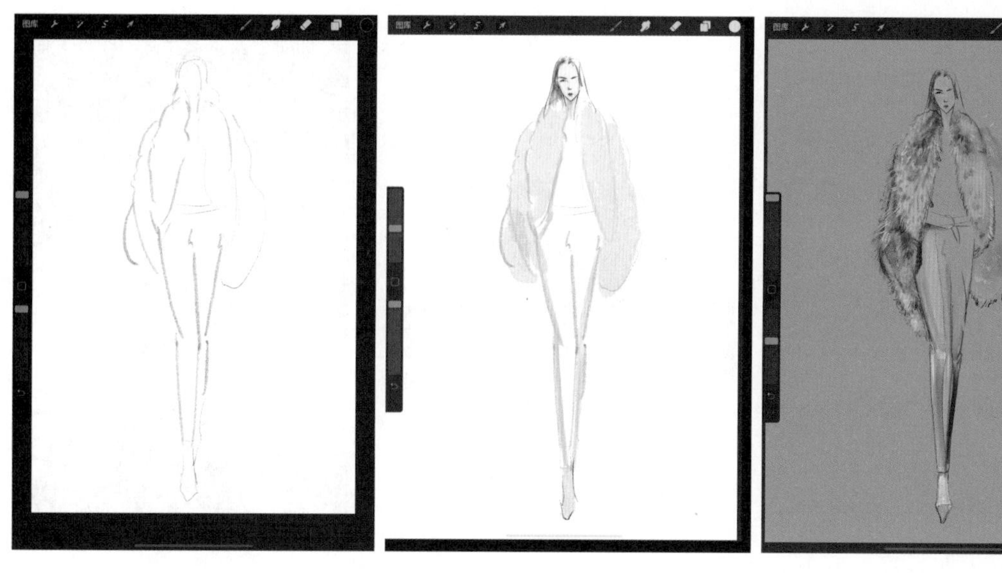

（1）线描稿　（2）肤色、五官、头发绘制及上衣铺色　（3）深入刻画

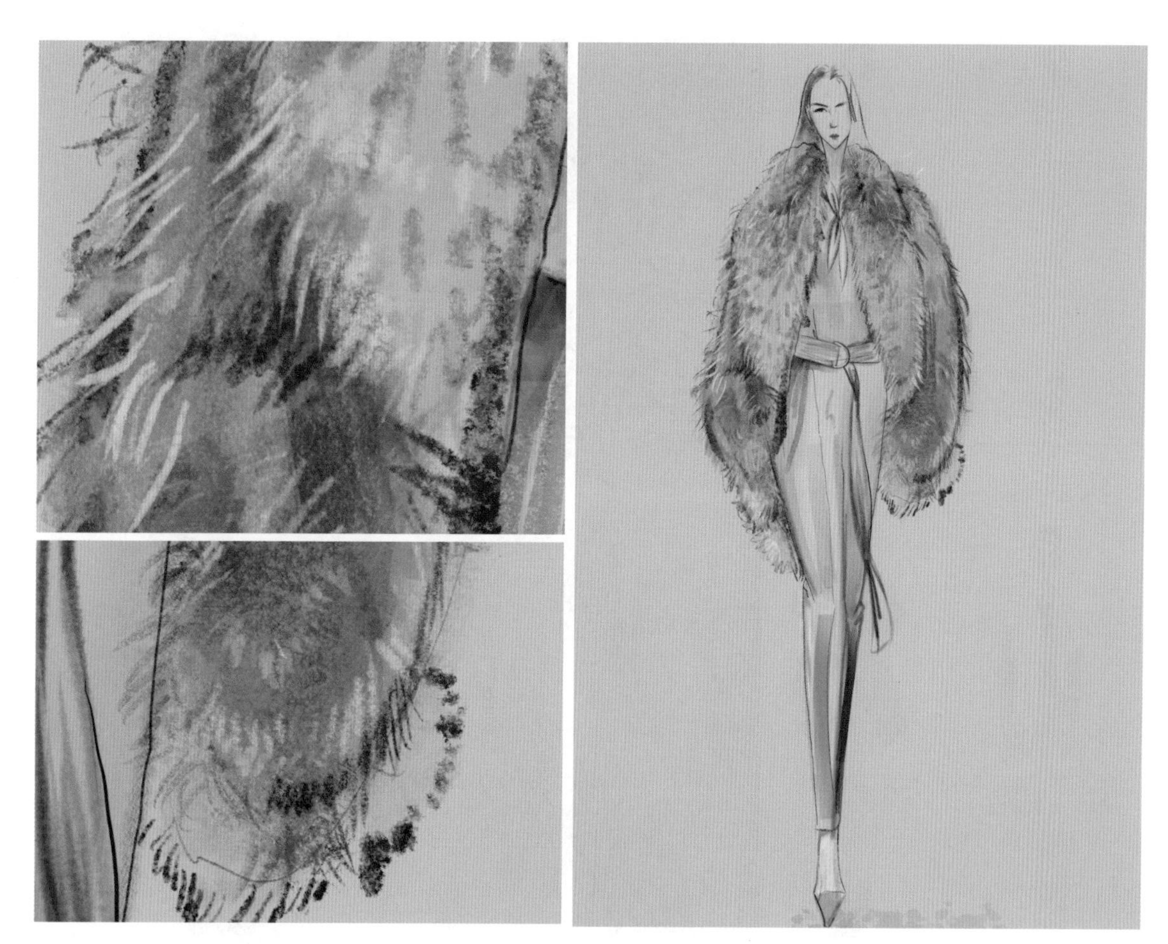

（4）局部细节　（5）完成深入刻画

图7-9　银狐皮的绘制二

（二）貉皮的绘制

貉皮因其富于动感的野性外观而深受年轻人的喜爱，针毛的丰富色彩变化非常符合当下人们的审美观，貉皮是当下颇为流行的裘皮材料（图7-10、图7-11）。

（1）绘制步骤：见图7-12、图7-13。

（2）绘制要点：在绘制貉皮时，可以参照狐皮的绘制，

图7-10　貉皮

图7-11　貉皮袖上衣

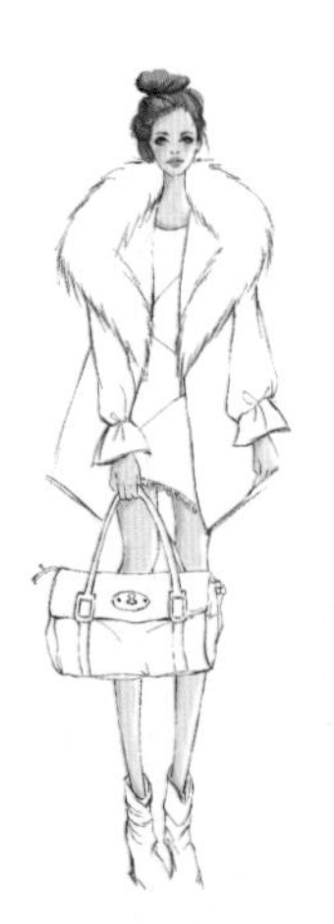

（1）线描稿及妆容绘制　（2）配饰绘制

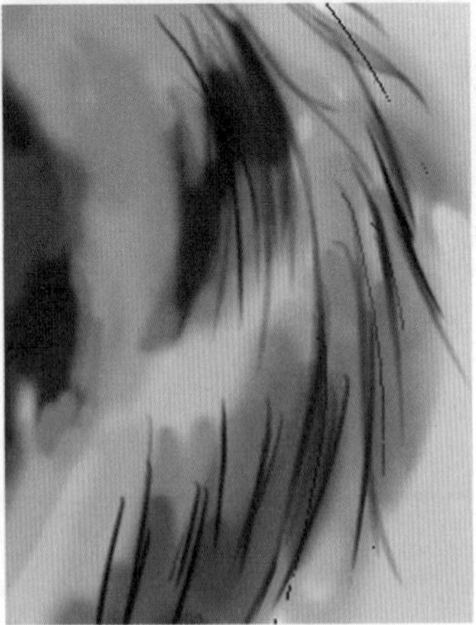

（3）内搭上衣绘制　（4）貉皮领上衣绘制　（5）局部细节　（6）深入刻画及背景绘制

图7-12　貉皮的绘制一

（1）起稿，画头部、铺毛裘皮底色　（2）找裘皮明暗色彩变化　（3）铺所有色块　（4）阴影关系绘制　（5）上衣花纹绘制

（6）裤袜花纹绘制　（7）人物服装刻画完成　（8）局部细节　（9）背景绘制完成

图7-13　貉皮的绘制二

可用长直线来强调貉皮针毛一簇一簇的感觉。当然，还需要对毛皮的整体有一个较好的把握，再去绘制针毛的细节。

（三）山羊皮的绘制

山羊皮基本上没有什么底绒，长长顺直的针毛是其突出的特点。着装者行走时，山羊皮针毛动感强烈，绘制时常常会着

图7-14　山羊皮

图7-15　山羊皮背心

重强调（图7-14、图7-15）。

（1）绘制步骤：见图7-16、图7-17。

（2）绘制要点：绘制山羊皮时首先要注重整体的明暗关系，在铺设好亮面与暗面的关系后，可以多用夸张的长线来表现山羊皮长长的针毛。在强调其体积感的同时要注重服装轮廓边缘的处理。

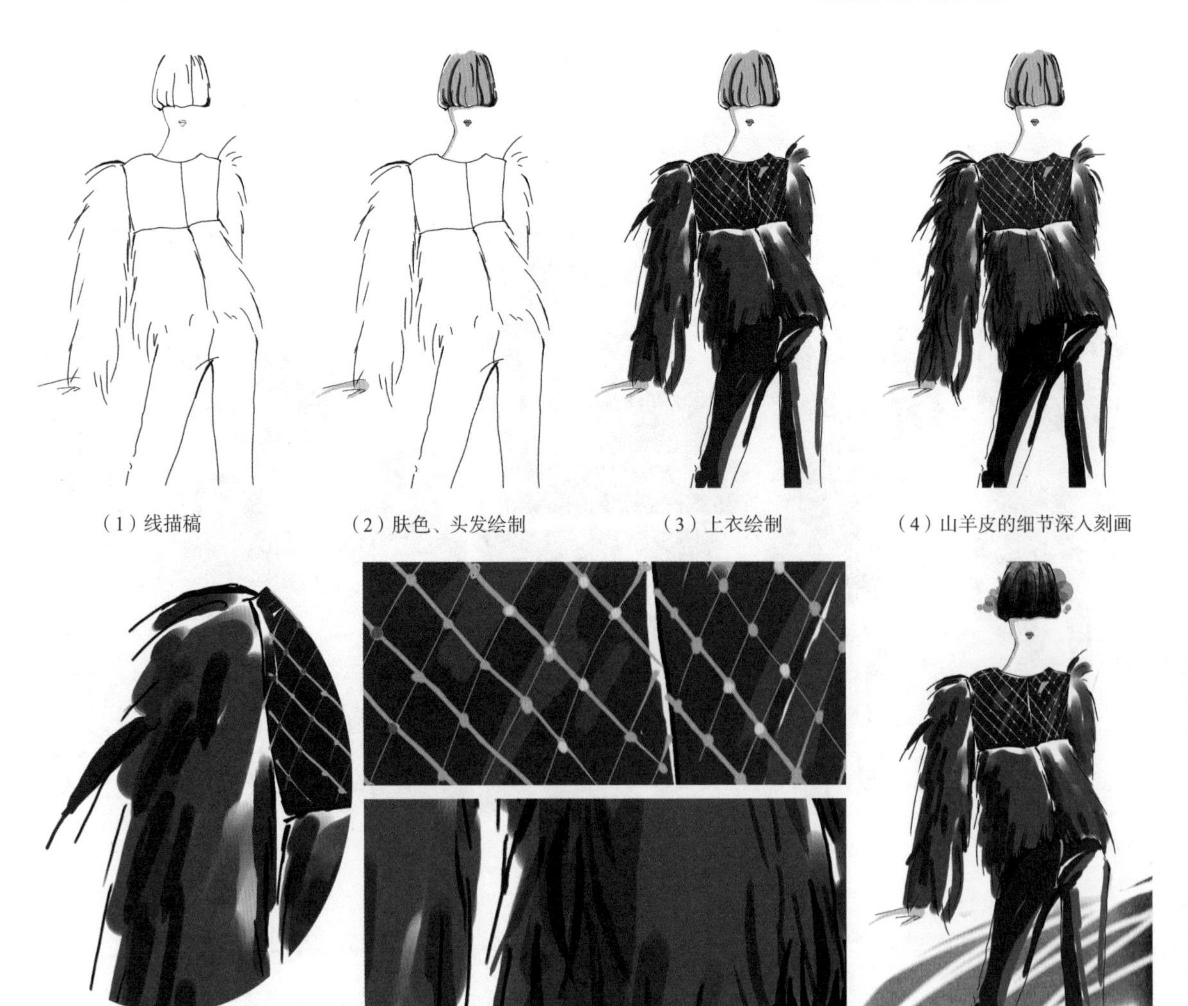

（1）线描稿　（2）肤色、头发绘制　（3）上衣绘制　（4）山羊皮的细节深入刻画

（5）局部细节　（6）完成图

图7-16　山羊皮的绘制一

（1）线描稿

（2）面部、头发绘制

（3）内装绘制

（4）山羊皮绘制

（5）局部细节

（6）完成图

图7-17　山羊皮的绘制二

二、长曲毛裘皮的绘制

长曲毛的裘皮材料仅有滩羊皮一类。滩羊皮的毛柔韧轻薄，毛峰呈波浪弯曲状，外观蓬松且极具动感，是令设计师们爱不释手的裘皮材料之一（图7-18、图7-19）。

（1）绘制步骤：见图7-20、图7-21。

图7-18　染色的滩羊皮

图7-19　银狐皮与滩羊皮的直曲搭配

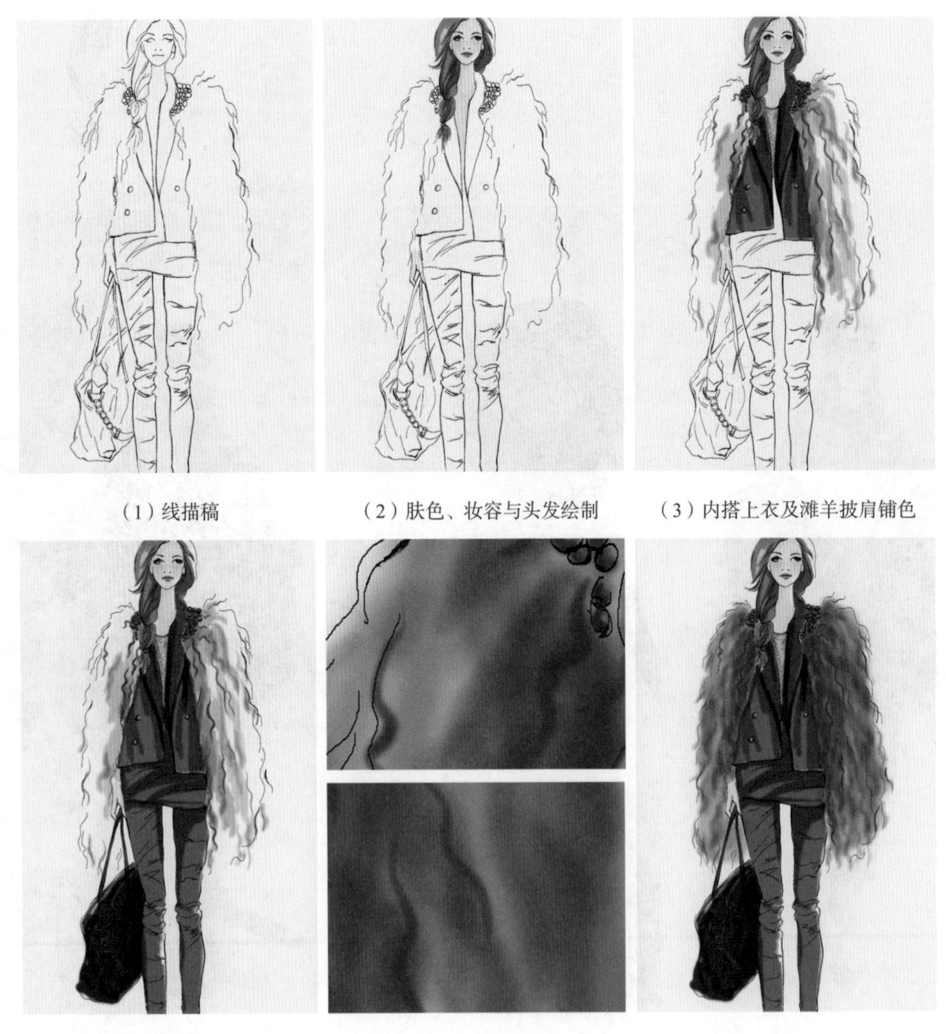

（1）线描稿　（2）肤色、妆容与头发绘制　（3）内搭上衣及滩羊披肩铺色

（4）裙裤、包绘制　（5）局部细节　（6）完成图

图7-20　滩羊皮的绘制一

（1）线描稿　（2）深入刻画　（3）铺底色

（4）局部细节　（5）完成图

图7-21　滩羊皮的绘制二

（2）绘制要点：滩羊皮的针毛是长且弯曲的，因此要注重刻画其较为突出的、参差不齐的外轮廓效果，在绘制时不要画得过于光挺。要准确地把握长且弯的滩羊毛在人体不同部位转折处的毛向变化，通过对轮廓和衣纹等线条的勾勒，来体现滩羊皮柔软、具有体积感的特征和视觉感受。

三、短直毛裘皮的绘制

短直毛的裘皮材料主要有貂皮、兔皮、鼠皮、羊皮等。不同的类别，因其针毛和底绒的各异，其外观也各自有别。

（一）水貂皮的绘制

水貂皮的针毛长短适中，手感光滑柔软，底绒也较为丰满柔软，具有与生俱来的一种奢华感。尽管貂皮家族有非常多的类别，但在质地上基本没有太多的差异，只是在颜色上有着各自不同的天然色泽

（图7-22、图7-23）。

（1）绘制步骤：见图7-24、图7-25。

（2）绘制要点：水貂皮属于中绒毛类型的裘皮材料，毛虽不长但比较柔和。在表现这类材料时，可以在主要的轮廓边缘用较干的小排笔刷出绒毛的肌理效果，也可以用钢笔等工具按照毛的方向在一些主要部位画出一些短小的绒毛。与长毛型裘皮材料的表现明显不同，设计者在水貂边缘绒毛的处理上可采用比较短密且齐整的线条，并用整体色彩微妙的明暗变化表现出貂皮的质感特征。

图7-22　水貂皮

图7-23　水貂绒拼接大衣

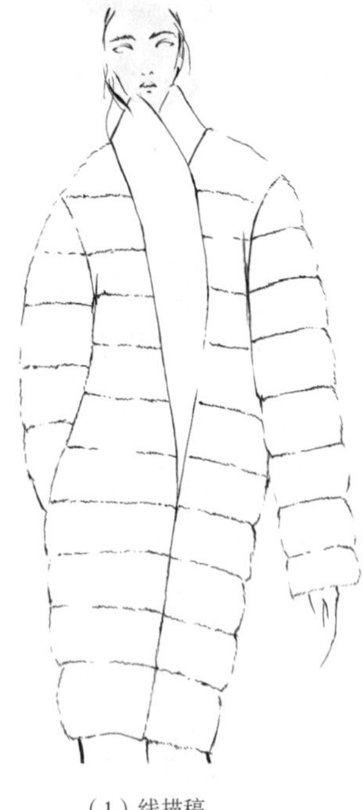

（1）线描稿

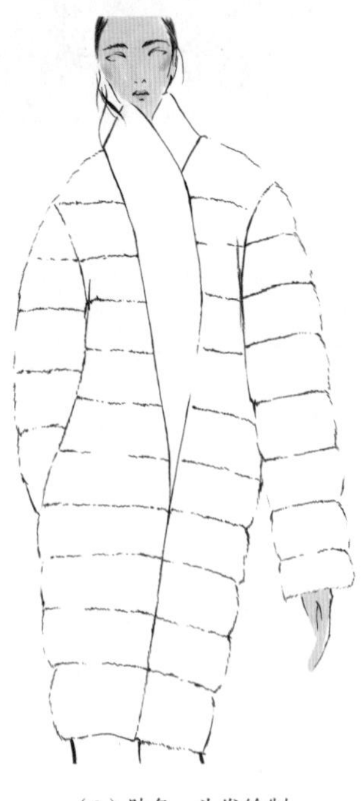

（2）肤色、头发绘制

（3）上衣绘制

（4）局部细节

（5）下装及细节深入刻画

（6）完成图

图7-24　水貂皮的绘制一

（1）线描稿

（2）肤色、头发绘制

（3）上衣绘制

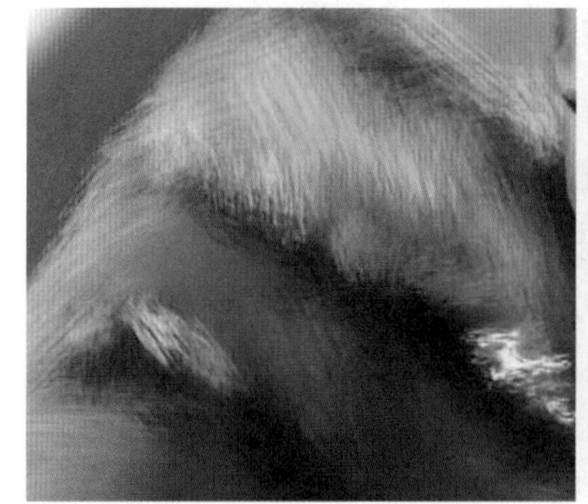

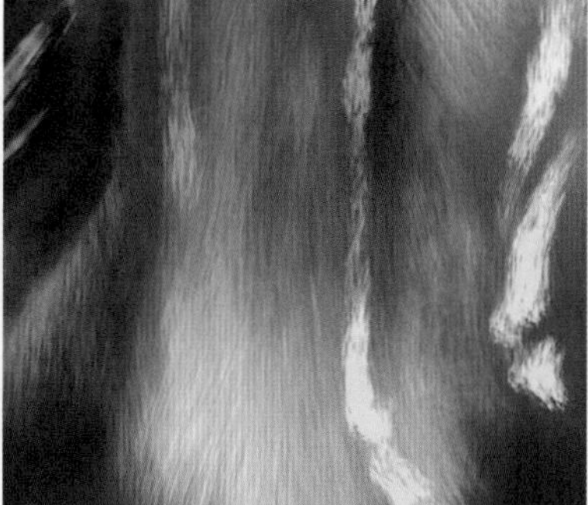

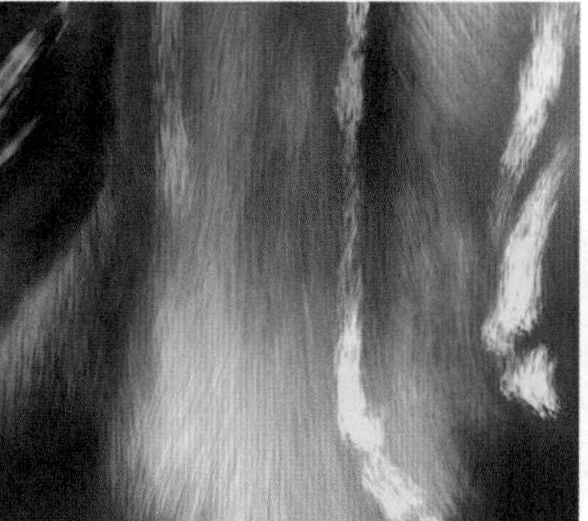

（4）局部细节

（5）完成图

图7-25　水貂皮的绘制二

（二）兔皮的绘制

兔皮的品类也很丰富，青紫蓝兔皮、家兔皮和草兔皮以针毛的突出色泽为特色，而獭兔作为兔皮家族的变异产品则以丰满的绒毛而著名（图7-26、图7-27）。

（1）绘制步骤：见图7-28、图7-29。

（2）绘制要点：兔皮属于中绒毛类型的裘皮材料，在绘制时可以借鉴水貂皮的质感表现，只是水貂有比较明显的针毛，而兔皮则是绒毛更为丰厚的材料，因此在刻画时可以强调其柔软、丰厚的特点。图7-28为獭兔皮染青紫蓝的斑纹效果，设计者并没有强调服装的内部结构与褶皱起伏，而是注重其材料的色彩光泽与表现，深色裘皮在凸起、转折部位有着毛向细微的变化，产生对光线的折射，从而形成比较柔和且富有特点的裘皮质感。图7-29是对兔皮印花工艺处理的绘制范例，设计者抓住兔皮印豹纹的特征加以渲染和表现，使其具有栩栩如生的逼真效果。

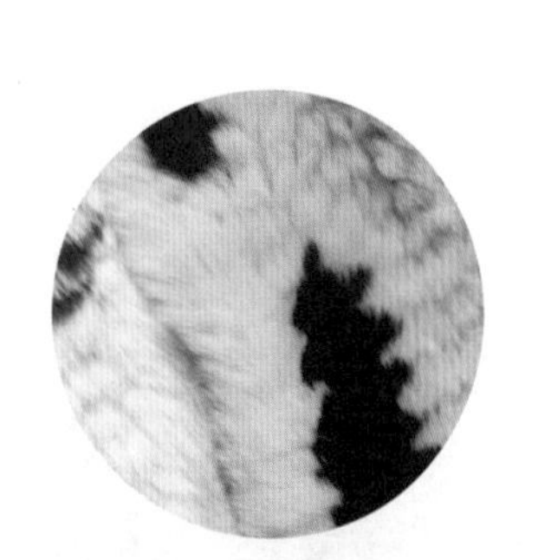

图7-26 獭兔皮编织

（1）线描稿

（2）肤色、妆容与头发绘制

（3）裤子及内搭上衣绘制

图7-27 獭兔皮西装上衣

（4）配件绘制

（5）獭兔皮上衣绘制

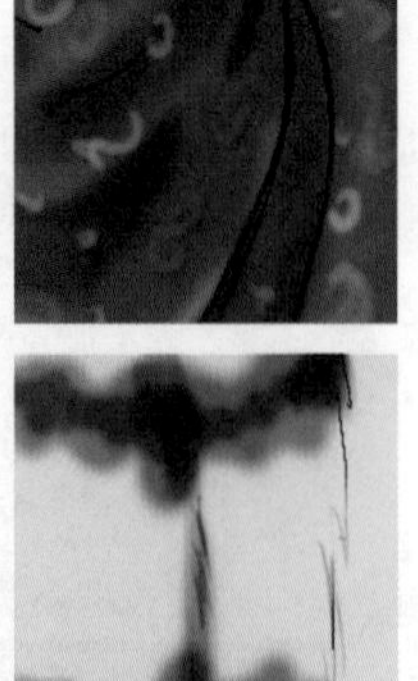

（6）局部细节

图7-28 染青紫蓝獭兔皮的绘制

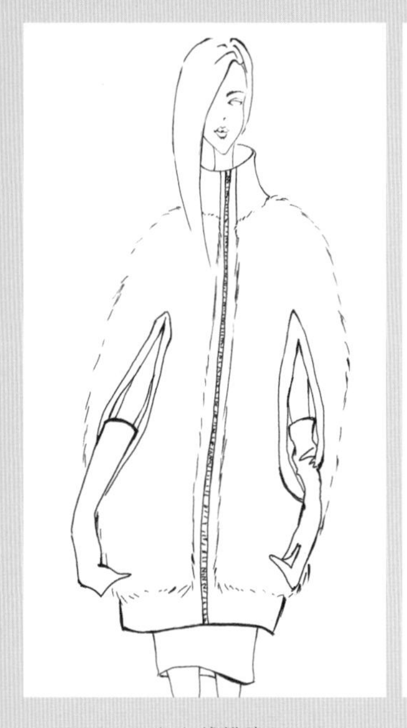

（1）线描稿

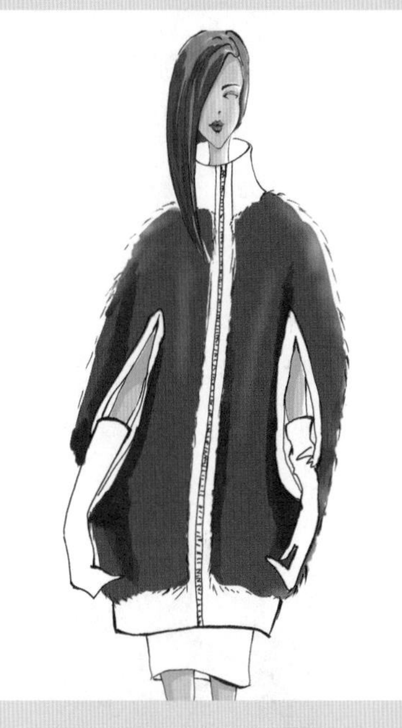

（2）肤色、头发及上衣绘制

（3）配饰绘制

（4）兔皮印花纹路绘制及整理

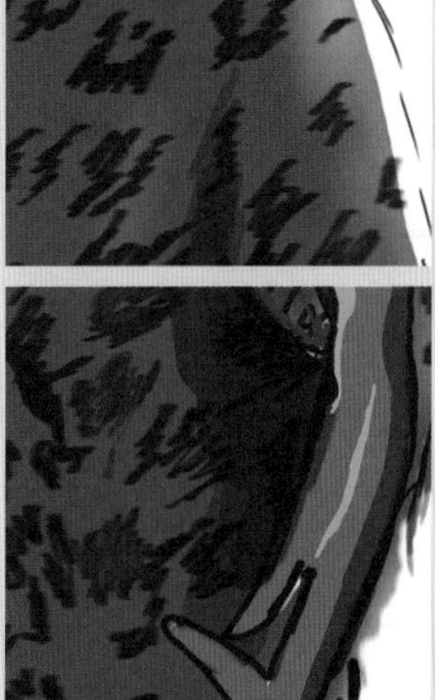

（5）局部细节

（6）完成图

图7-29　兔皮印花的绘制

（三）鼠皮的绘制

鼠皮家族在价格上既有天价的银丝鼠皮，又有比较亲民的黄狼皮、负鼠皮、灰鼠皮、海狸皮等，前者以丰厚的毛绒和滑润的手感而著称，而后者则有着各异的针毛，形成各异的外观效果（图7-30、图7-31）。

银丝鼠皮是鼠皮家族里比较高贵的，具有非常细腻的触感，其脊背部中心一条从头到尾有着宽窄变化和清晰度变化的深色条纹是其独特的天然斑纹，因此在绘制银丝鼠皮时要注意对这一特征的刻画。另外，银丝鼠皮在制衣过程中会有原只裁剪

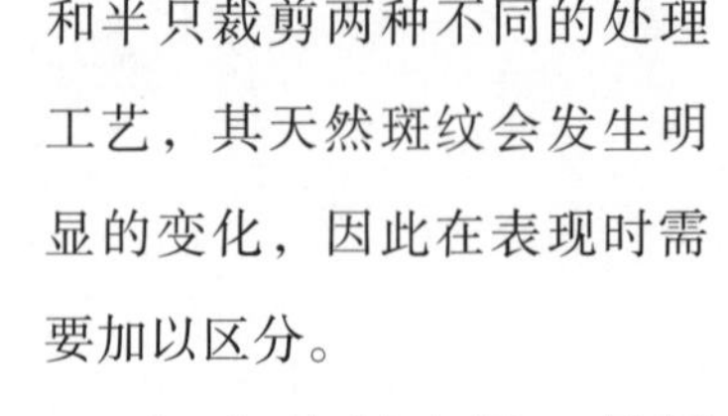

和半只裁剪两种不同的处理工艺，其天然斑纹会发生明显的变化，因此在表现时需要加以区分。

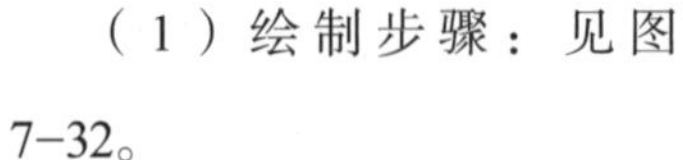

（1）绘制步骤：见图7-32。

（2）绘制要点：从毛皮的长短类型来看，银丝鼠皮与貂皮、兔皮一样属于短毛的类别，因此在绘制的技法上可以参照貂皮和兔皮的画法。如图7-32所示，设计者在对银丝鼠皮的绘制中采用水墨的技法，通过浓淡的对比和笔触宽窄的调整，将银丝鼠纹理绘制得生动且形象。

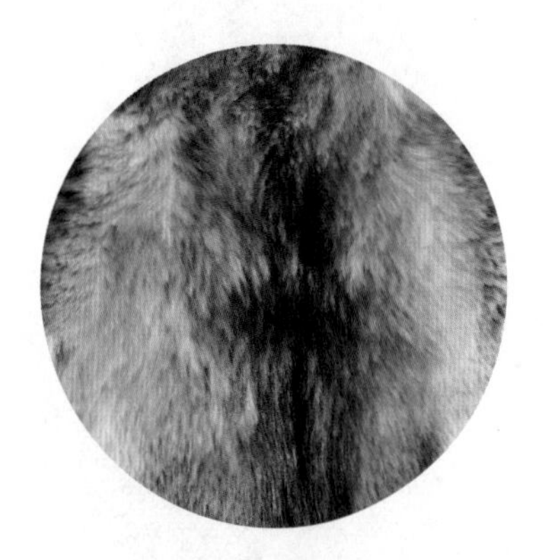

图7-30 漂白的海狸皮

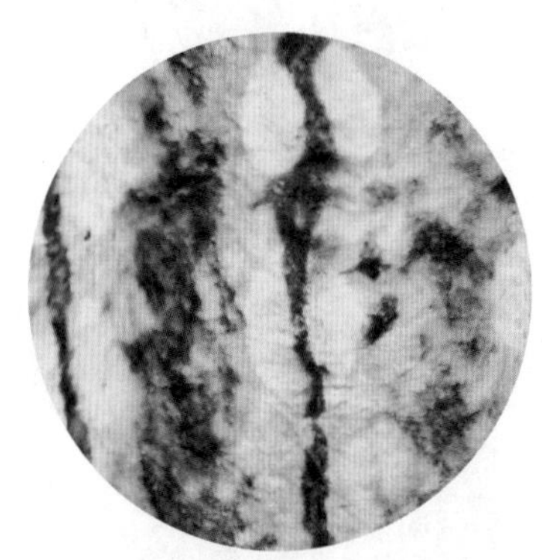

图7-31 染色的鼠皮

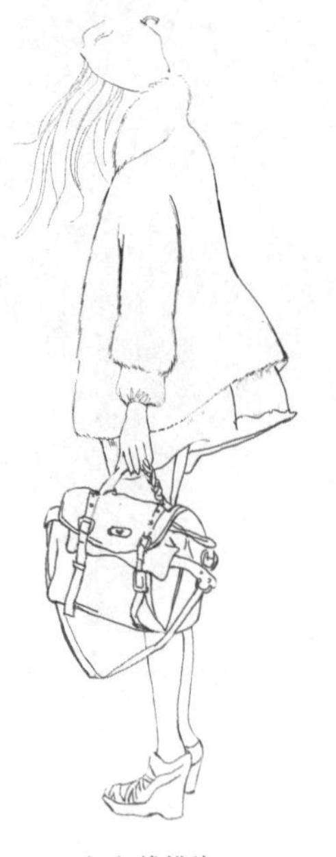

（1）线描稿

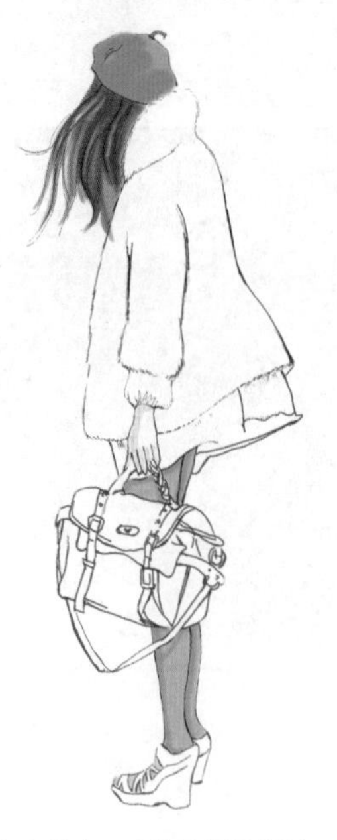

（2）肤色、头发及帽子绘制

（3）内搭上衣及鞋包的绘制

（4）青紫蓝上衣铺色

（5）深入刻画及整理完成图

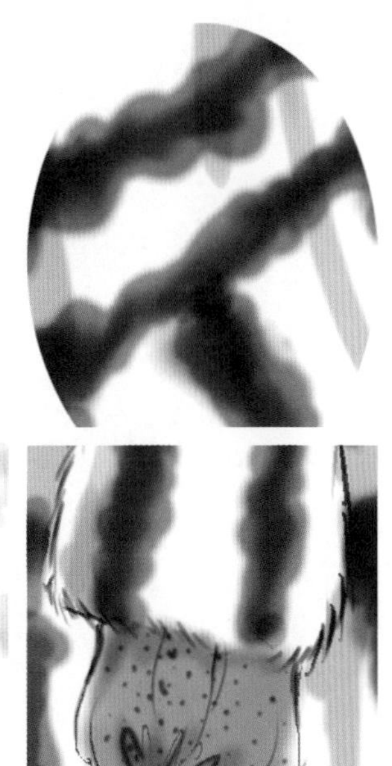

（6）局部细节

图7-32　银丝鼠皮的绘制

四、短曲毛裘皮的绘制

短曲毛的裘皮材料主要有卡拉库羔羊皮、波斯羔羊皮、橡羔羊皮和口羔羊皮，不同的品种，其毛的长度、卷密程度及毛型纹路也各异，它们自然弯曲的外观成为时尚的热点。

（一）卡拉库羔羊皮的绘制

毛皮卷曲形成富有立体感和变化的图案，是非常名贵的裘皮面料（图7-33、图7-34）。

（1）绘制步骤：见图7-35。

（2）绘制要点：绘制卡拉库羔羊皮时，要注意强调其独特的天然卷曲表面，而这种卷曲的斑纹效果是比较紧密地贴在皮板上，因此表现时不要过于突出其体积感，而是要有一些贴实的感觉。图7-35中，卡拉库羔羊皮卷曲的肌理效果，主要是通过在服装的亮面用毛笔勾画出羔羊皮的生长纹路来表现。当然，也可以用亮色来呈现卷曲的毛皮肌理效果。

图7-33　卡拉库羔羊皮

（二）橡羔羊皮的绘制

本色橡羔羊皮是本白色，有着类似于卡拉库羔羊皮的卷曲外观，但其名贵程度远不及卡拉库羔羊皮。在设计

图7-34　卡拉库羔羊皮上衣

（1）线描稿

（2）肤色、头发及妆容绘制

（3）内搭上衣与包的绘制

（4）卡拉库羔羊背心及牛仔裤的绘制

（5）局部细节

（6）完成图

图7-35　卡拉库羔羊皮的绘制

中常常将其染色，来仿效卡拉库羔羊。橡羔羊皮的毛的卷曲程度较松，卷更大些，其针毛也比卡拉库羔羊皮的针毛要略长些（图7-36）。图7-37为橡羔羊皮制作的西服领收腰上衣。从效果图的表现手法上，可参照卡拉库羔羊皮的绘制技法，不同之处就是对其松软的卷曲针毛可略加强调。

（1）绘制步骤：见图7-38。

（2）绘制要点：绘制橡羔羊皮时，要尽量少地强调体积

图7-36　橡羔羊皮卷曲的针毛

图7-37　橡羔羊皮外衣

（1）线描稿

（2）头发铺色、上肤色及妆容绘制

（3）上衣铺色及把握大关系

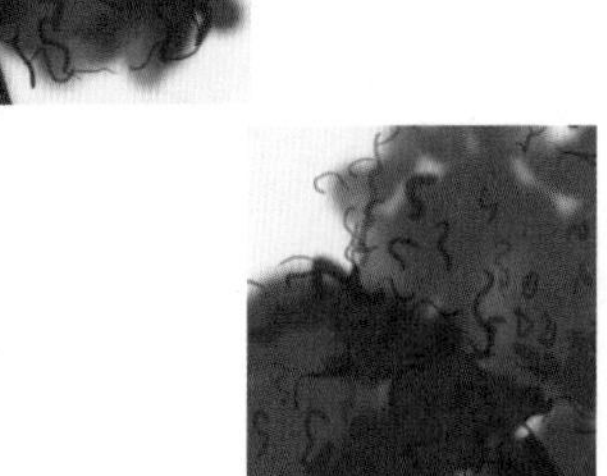

（4）局部细节

（5）深入刻画及整理完成图

图7-38　橡羔羊皮的绘制

感和绒毛感，而将要点放到表现其天然独特的卷曲斑纹效果上。图7-38中橡羔羊皮卷曲的肌理效果，主要通过用毛笔勾画羔羊皮的生长纹路，以及用短曲线来勾勒羔羊皮参差不齐的边缘来表现。在用线方面，可以比卡拉库羔羊皮的绘制更松快一些，卷曲程度更大一些。

（三）口羔羊皮的绘制

口羔羊皮也拥有卷曲的外观，不过其绒毛较橡羔更为丰厚，更富有光泽，手感柔软（图7-39），更适合编织使用。图7-40为口羔羊皮编织、獭兔皮绕边围巾。

（1）绘制步骤：见图7-41。

（2）绘制要点：与卡拉库羔羊皮和橡羔羊皮相比，口羔羊皮的肌理质感更加蓬松、柔软，因此在绘制时可以通过加大边缘处曲线勾勒的弯曲程度，来强调口羔羊皮的这一特性。而衣身上的线条粗细、顿挫、转折也可以依照毛皮的纹路来加以突出，使之更加生动、蓬松。

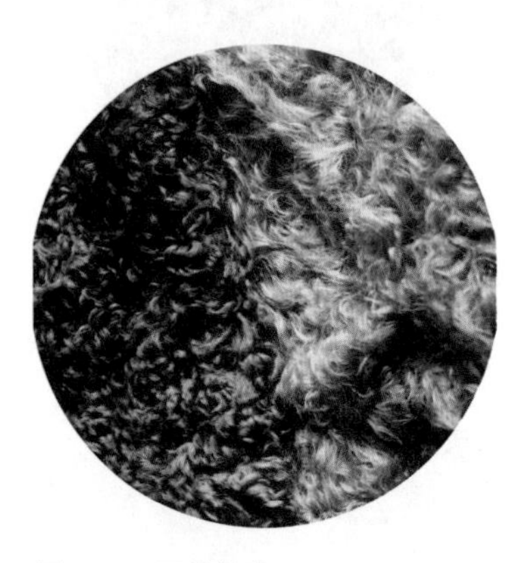

图7-39 口羔羊皮

图7-40 口羔羊皮编织、獭兔皮绕边围巾

（1）线描稿

（2）肤色、头发绘制

（3）上衣铺色及妆容绘制

（4）局部细节

（5）深入刻画及整理完成图

图7-41　口羔羊皮的绘制

五、不同材料裘皮表现技法案例（图7-42~图7-53）

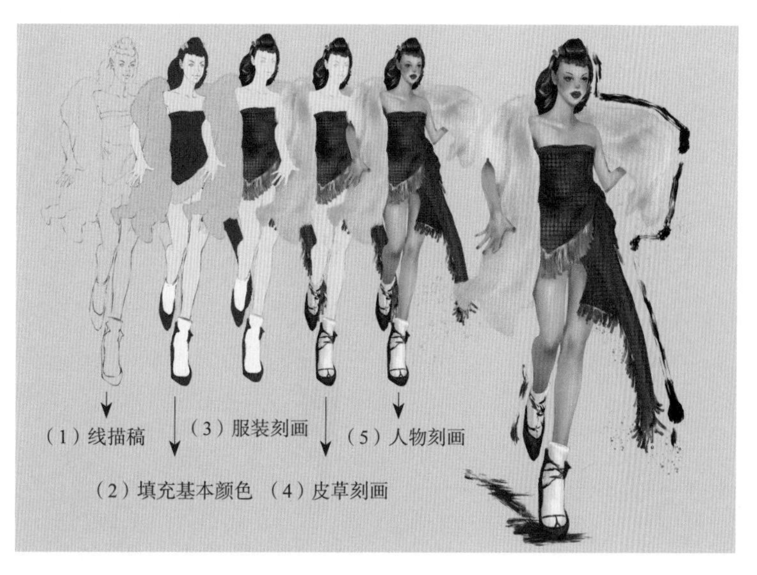

图7-42　案例一

（1）线描稿

（2）皮草颜色填充

（3）皮草刻画

（4）效果刻画

（5）深入刻画及整理完成图

图7-43　案例二

（1）线描稿

（2）迷彩服绘制

（3）肤色、配饰绘制

（4）裘皮披肩铺色

（5）深入刻画及整理完成图

图7-44　案例三

图7-45　案例四

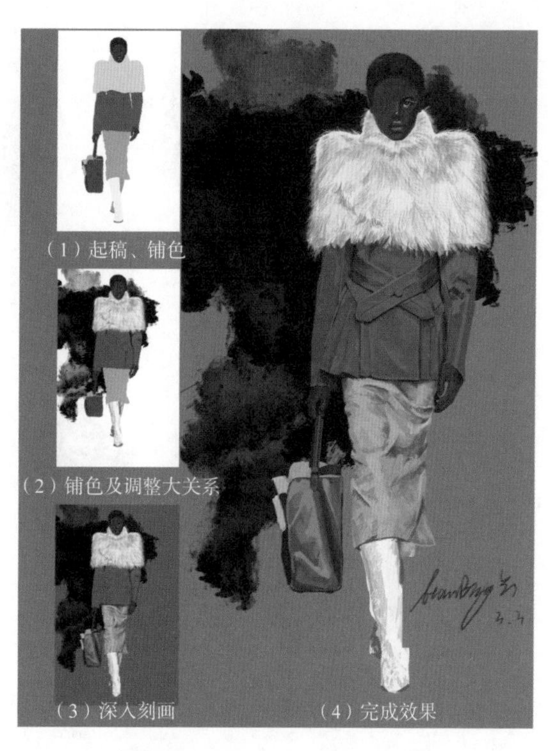

图7-46　案例五

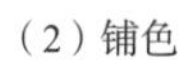

（4）完成效果

图7-47　案例六

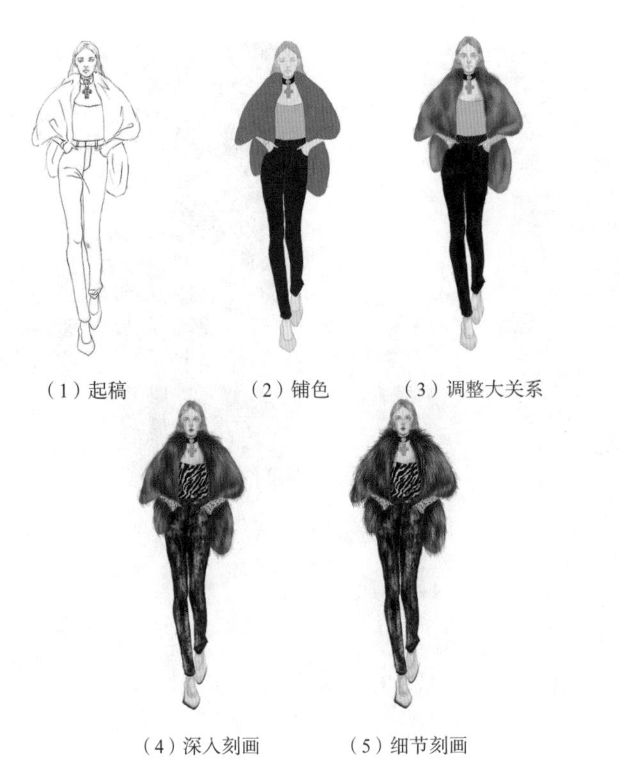

（1）起稿　（2）铺色　（3）调整大关系

（4）深入刻画　（5）细节刻画　（6）完成效果

图7-48　案例七

（1）起稿　（2）人体绘制　（3）铺色及调整大关系　（4）完成效果

图7-49　案例八

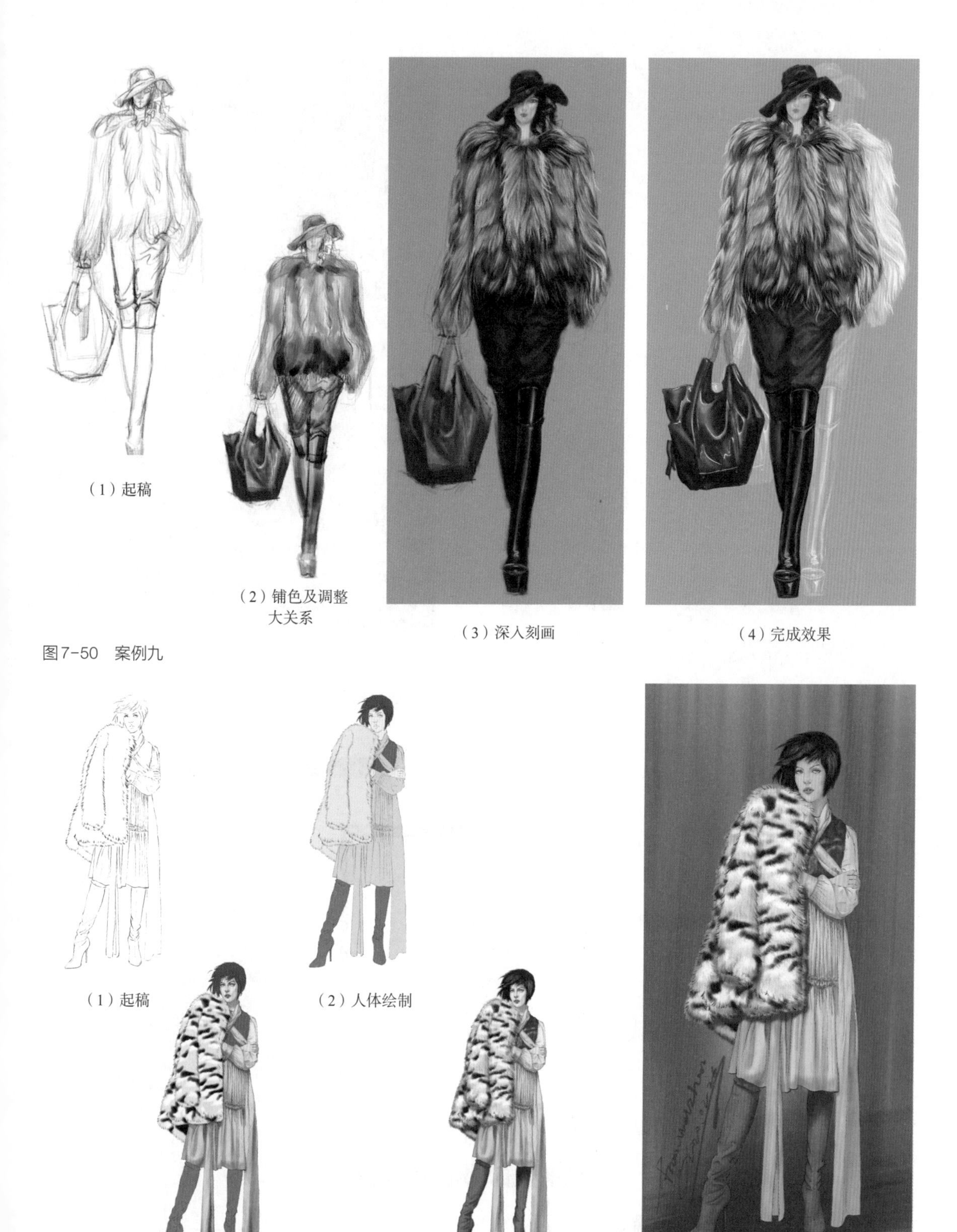

（1）起稿

（2）铺色及调整大关系

（3）深入刻画

（4）完成效果

图7-50　案例九

（1）起稿

（2）人体绘制

（3）质感刻画

（4）细节刻画

（5）完成效果

图7-51　案例十

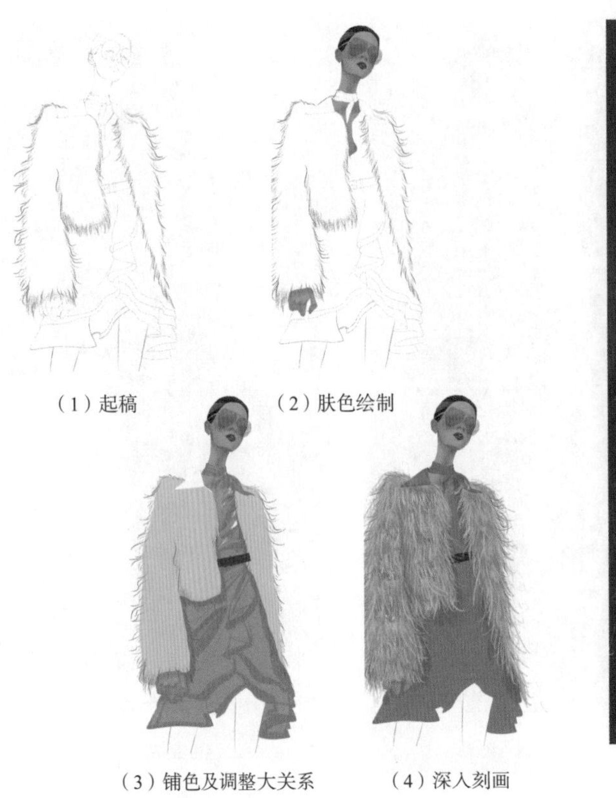

（1）起稿　（2）肤色绘制

（3）铺色及调整大关系　（4）深入刻画

（5）完成效果

图7-52　案例十一

（1）起稿

（2）肤色绘制、铺色及调整大关系

（3）刻画细节

（4）完成效果

图7-53　案例十二

第四节 不同风格的表现技法

一、写实风格

写实即基本如实地描绘事物。写实风格的裘皮服装设计表现技法是较为真实、客观、合理而艺术化呈现裘皮服装外貌和内部结构的效果图。通常，写实风格的设计图可以分为两种表现形式：

（一）表达设计创意的写实风格

此类写实风格的设计图是直接反映设计师头脑中的服装原创意图，更倾向于呈现设计师的感性思考，由于缺少对生产制约等细节方面的理性思考，因此设计图常常显得唯美，而生产出来的裘皮服装成品则会与之相差甚远（图7-54～图7-56）。

图7-54　安东尼奥·洛佩斯（Antonio Lopez）绘制的写实风格作品

图7-55　山本耀司（Yohji Yamamoto）绘制的写实风格作品

图7-56　写实风格作品

（二）表现设计成品的写实风格

此类写实风格的设计图是对服装设计成品进行应用性绘制表现的设计图。表现设计成品的写实风格设计图通常是在裘皮服装的生产过程中绘制，因此无论是在色彩、材料方面，还是在款式细节方面，设计图所表现的服装应与成品服装相一致（图7-57、图7-58）。

图7-57　安东尼奥·洛佩斯绘制的写实风格作品

图7-58　波特·沃道夫（Porter Woodruff）绘制的写实风格作

（三）写实风格表现技法案例（图7-59~图7-63）

图7-59　写实风格案例一

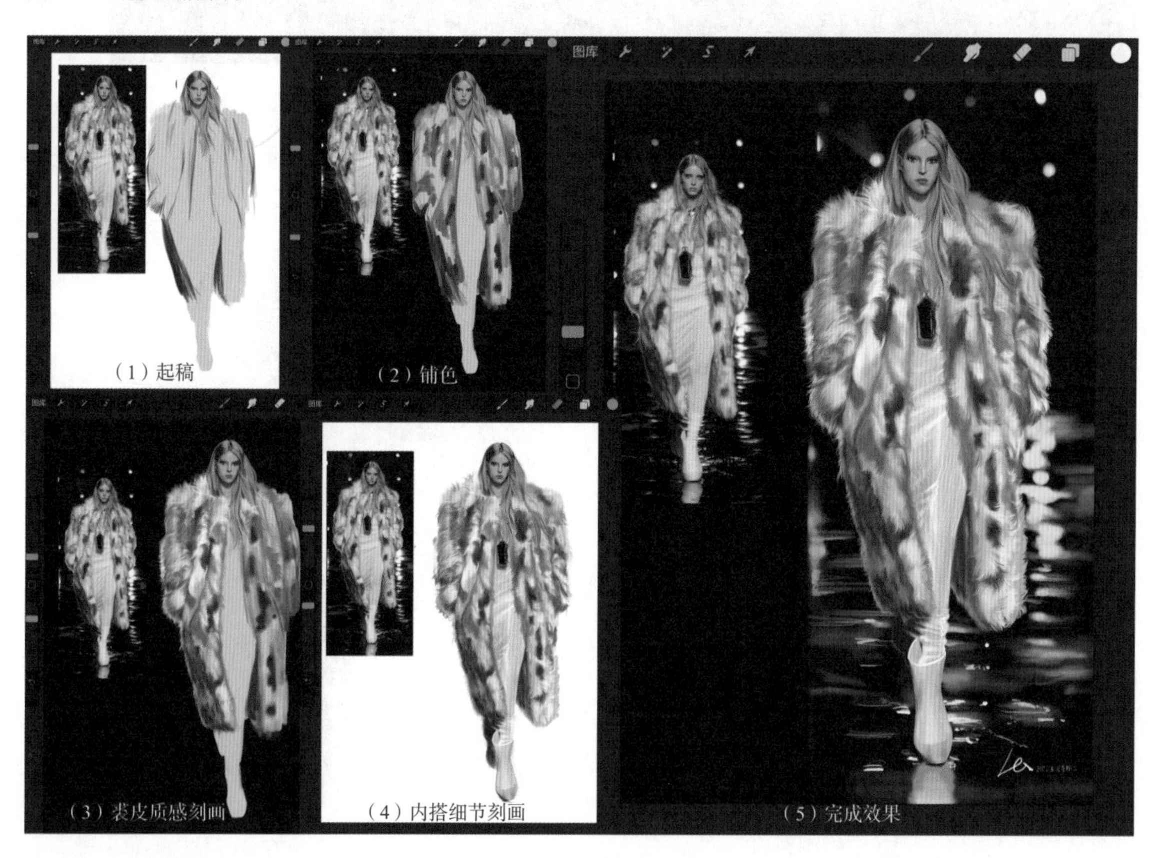

图7-60　写实风格案例二

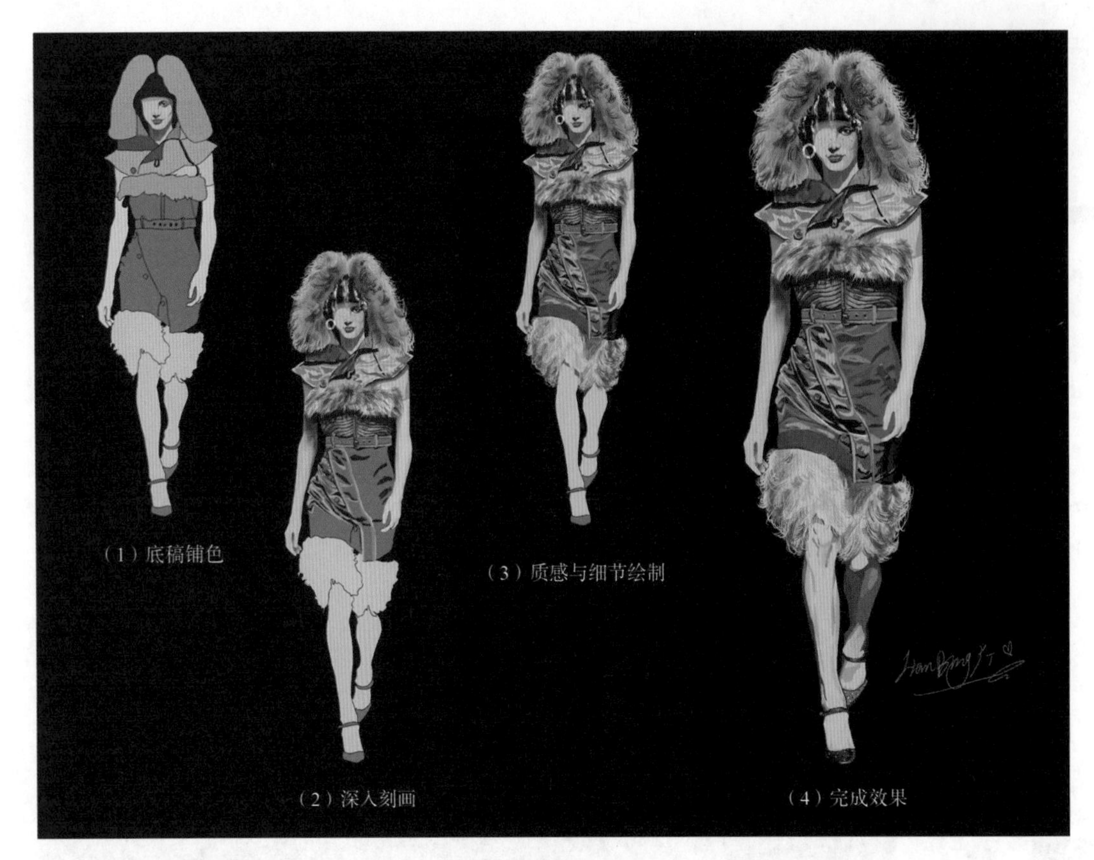

图7-61　写实风格案例三

图7-62　写实风格案例四

（1）起稿

（2）铺底色

（3）深入刻画

（4）整理

（5）完成效果

图7-63　写实风格案例五

二、装饰风格

（一）强调艺术效果的美化

装饰风格的裘皮服装设计图不仅可以对服装的主题进行强调、渲染，还能对设计作品进行必要的美化。通常，装饰风格的裘皮服装设计图强调裘皮服装的总体艺术效果，呈现设计师或插图画家的创作意向、设计品位以及娴熟的绘画技巧，因此会较少考虑裘皮服装的内部结构和局部细节，较少考虑生产工艺制约和市场消费需求等因素。所以，此类设计图通常是描绘设计师原创的设计意境，很难直接指导裘皮服装的生产加工，需要经过设计演化，方能转化为具有工艺指导意义的设计图（图7-64～图7-70）。

图7-64　艾瑞克·沙锐克（Enrico Sacchetti）绘制的装饰风格作品

图7-65　乔治·沃尔夫·普兰克（George Wolfe Plank）绘制的装饰风格作品

图7-66　皮尔·布利索德（Pierre Brissaud）绘制的装饰风格作品

图7-67　装饰风格习作一

图7-68　里昂·贝尼尼（Leon Benigni）绘制的装饰风格作品

图7-69　装饰风格习作二

图7-70　装饰风格习作三

（二）装饰风格表现技法案例（图7-71～图7-77）

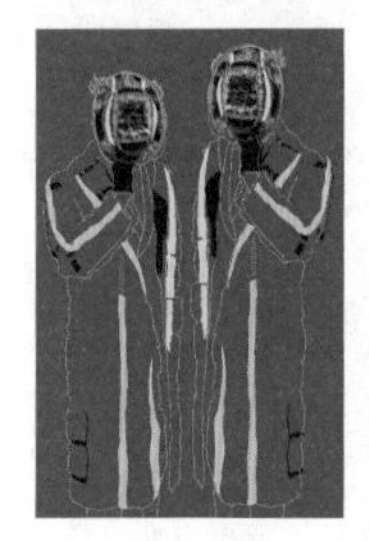

（1）起稿

（2）铺色

（3）深入刻画

（4）完成效果

图7-71　装饰风格案例一

（1）铺色

（2）刻画细节

（3）调整

（4）完成效果

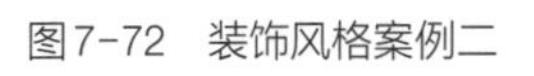

图7-72　装饰风格案例二

（1）线描稿

（2）铺色

（3）深入刻画

（4）完成效果

图7-73　装饰风格案例三

（1）线描稿

（2）铺色

（3）深入刻画

（4）完成效果

图7-74　装饰风格案例四

（1）线描稿

（2）铺色　（3）完成效果

图7-75　装饰风格案例五

（1）线描稿

（2）铺色　（3）完成效果

图7-76　装饰风格案例六

（1）线描稿　（2）底色绘制　（3）重色绘制　（4）亮色绘制

（5）质感刻画　（6）整体调整　（7）完成效果

图7-77　装饰风格案例七

三、抽象风格

（一）简化概括的抽象风格

抽象风格是现代艺术中一个引人注目的流派，它否定具象艺术，淡化艺术模仿生活的痕迹，用形式直接诉诸人的精神，使各种意义符号化，使美趋近于简化，图形和色彩的概括性把形式的审美价值提高到登峰造极的程度。图7-78、图7-79为抽象风格的裘皮服装设计图。

图7-78 史蒂文·斯堤贝尔曼（Steve Stipelman）绘制的抽象风格作品

图7-79 抽象风格作品

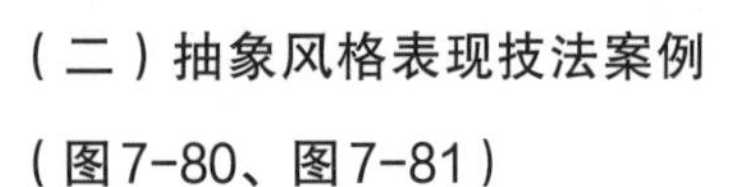

（二）抽象风格表现技法案例（图7-80、图7-81）

（1）线描稿

（2）铺色

（3）细节刻画

（4）完成效果

图7-80 抽象风格案例一

（1）线描稿

（2）铺色

（3）深入刻画及整理完成图

图7-81 抽象风格案例二

第五节 多元画材的表现技法

一、色粉画

色粉笔在表现裘皮服装的材料质感方面具有独到之处，用色粉笔绘制的线条笔触蓬松柔软，这与裘皮服装外形轮廓所呈现出来的状态非常接近，能轻松地表现绒毛的质感。色粉画易于衬托出裘皮针毛的条纹与明暗，若用表面富有肌理纹路的纸张，则可以充分体现色粉笔的独到优势。在裘皮材料的细部刻画上，可以先用色粉笔表现出裘皮的大致光影效果、肌理特征及轮廓，再配合水溶性彩色铅笔勾画出重点部位的针毛。还可以用马克笔勾线，再用色粉笔描绘裘皮质感，体现厚重的效果。初学者在运用色粉笔时，可以先用铅笔简单勾勒出草图，再逐步深入刻画，尝试用手指、擦笔工具涂抹，可以产生丰富而奇妙的肌理效果。

二、水墨画

在裘皮服装设计效果图的表现中，可以借鉴水墨画的技法，利用水墨浓淡、干湿变化，特别是水墨的渗化效果来表现裘皮材料的轻松、柔和、自然的质感。这种技法主要采用国画写意的形式，注重对笔墨的技巧和情趣方面的追求，对绘画者的水平要求较高，绘制时需要一气呵成，不能对画面反复修改。这一点与水彩画的表现技法有相似之处，只是水墨画不大注重色彩的表现，而是更倾向于追求笔墨浓淡的变化（图7-82、图7-83）。

三、水彩画

裘皮材料具有蓬松的绒毛感，给人以轻盈动感的视觉效果。如图7-84所示，整幅作品的色彩比较单纯，但其中的色彩变化却很丰富，这主要通过加水的多少和渐层刻画来达到。利用纸张的干湿变化运笔，笔触边缘与底色衔接自然、虚实得当。在造型的塑造方面，可以以固有色用素描的

图7-82 裘皮服装的水墨表现

图7-83　用水墨绘制裘皮服装

图7-84　裘皮服装的水彩表现

方式表现。在表现这类材料时，不仅要注重把握毛皮的结构方向、长短、软硬、直曲等形态特征，还要注意随着人体转折而形成的透视关系，分清主次来描绘（图7-85）。另外，还可以用水彩的“撇丝”画法，即将软性的毛笔分成多叉的状态，蘸取较干的颜料，在已经晕染好的色彩明暗层次的边缘、中间及暗部，按照毛的生长方向绘制出针毛的形状。

四、水粉画

水粉具有可覆盖的特点，水粉加水多些的薄画法可以得到与水彩相似的效果。水粉是可塑性非常强的画材，尤其适合初学者，通过干、湿、厚、薄的变化可以呈现出不同的肌理、层次和厚实的面料质感，从而形成丰富的艺术效果（图7-86）。水粉画设色时需要注意避免过于鲜艳、刺激或者过于灰暗、沉闷的颜色，要适度把握色彩的纯度和明度，用笔果断，运用笔触的变化如皴擦、点彩等，以及留白的艺术技巧来表现面料肌理（图7-87）。

（1）线描稿

（2）肤色、头发绘制

（3）裙子绘制

（4）裘皮披肩绘制及整理

图7-85　用水彩绘制裘皮服装

图7-86　裘皮服装的水粉表现

（1）线描稿

（2）肤色、头发绘制

（3）上衣铺色

（4）配饰绘制及完成整体刻画

图7-87　用水粉绘制裘皮服装

五、彩色铅笔画

在裘皮服装设计图的色彩表现中，彩色铅笔可以用作打底或是对绘画好的打底部分进行深入细致的刻画。但彩色铅笔的色彩并不十分艳丽，覆盖力不强，在表现毛皮类服装时，可以结合水彩、水粉、马克笔、钢笔等画材，从而产生丰富的艺术效果，更富表现力。对于初学者来说，彩色铅笔比较易于控制，是较容易掌握的一种画材，画错时可以用橡皮擦去，是设计师手绘设计图的理想工具之一（图7−88）。用彩色铅笔绘制效果图讲究虚实、层次关系，可运用素描的艺术规律来表现裘皮服装的造型和材料质感，使画面效果更加细腻且逼真（图7−89）。

图7−88 裘皮服装的彩色铅笔画

六、马克笔画

马克笔无须水和毛笔等辅助工具即能着色，且线条流畅统一，色彩鲜艳透明，笔触一致且比较明显。油性的马克笔色彩比较稳定，可以通过运笔的速度来体现虚实变化，但其附着力比较强，不易涂改，在表现时需要对所画的内容做到胸有成竹、一气呵成，在画的过程中要由浅入深（图7−90）。

初学者在运用马克笔表现裘皮服装设计图时，首先要将线条的表现与服装的外轮廓线和内部结构相结合。马克笔将软硬、干湿两种介质的笔和颜料合而为一，表现手法丰富，但因为没有白色的马克笔，所

（1）线描稿

（2）肤色、头发绘制

（3）上衣及裙子铺色

（4）深入刻画及整理完成图

图7−89 用彩色铅笔绘制裘皮服装

以白色的表现要通过留白的方式来体现（图7-91）。

图7-90　裘皮服装的马克笔表现

七、综合工具画

究竟选择哪一种画材更能表现出裘皮服装的质感和设计效果，是设计师所关注的实际问题，因为恰当的工具和技法可以使效果图更加准确到位，有利于设计师生动快捷地表达设计意图。前面介绍的几种常用基础画材和表现技法，在设计实践中需要灵活运用，有时可以根据设计需要将两种以上的技法同时运用在一幅设计图中，即综合工具的表现应用。例如，彩色铅笔与水彩相结合、油画棒与水粉相结合、马克笔与彩铅相结合，不仅可以表现出服装特有的肌理效果，还可丰富服装设计图的表现形式和艺术语言（图7-92）。如图7-93所示，是水彩与水粉的结合运用，画面干湿兼备、刚柔并济，水粉笔锋明确，水彩色彩润泽，将裘皮服饰的奢华感演绎得恰到好处。在选择、运用具体的表现工具时，应该从更好地表达设计思想出发。相比较而言，综合表现技法具有更强的表现力，灵活加以运用可以使设计师创造出自己的独特风格。

除此之外，随着电脑绘画技术的广泛应用，电脑辅助设计有着快速和便于修改的优越性，电脑已经成为

（1）肤色与鞋的绘制

（2）裘皮上衣绘制

（3）裙子绘制

（4）上衣绘制

图7-91　用马克笔绘制裘皮服装

（1）线描稿　（2）肤色、面部绘制　（3）裘皮部分绘制　（4）勾浅色花纹　（5）花纹刻画

（6）浅色整体打底　（7）加阴影、加暗面　（8）将颜色铺饱和

（9）局部细节　（10）完成效果

图7-92　马克笔与彩铅结合绘制裘皮服装

设计师的一个重要绘图工具（图7-94～图7-103）。利用电脑来绘制裘皮服装设计图，除需要具备一定的绘画基础和审美能力外，还要熟练地掌握所使用软件的各种功能，并配备好各类硬件设备，如手写板、扫描仪、数码相机、彩色打印机等。同时，可以将手绘与电脑绘制相结合，使设计图既有着手绘稿的生动绘画性，又可以发挥电脑的特长，可以对现有图片的裘皮服装进行变化处理和局部再设计，还可以将裘

图7-93 利用综合工具表现裘皮服装

图7-94 利用电脑绘制的裘皮服装设计图一

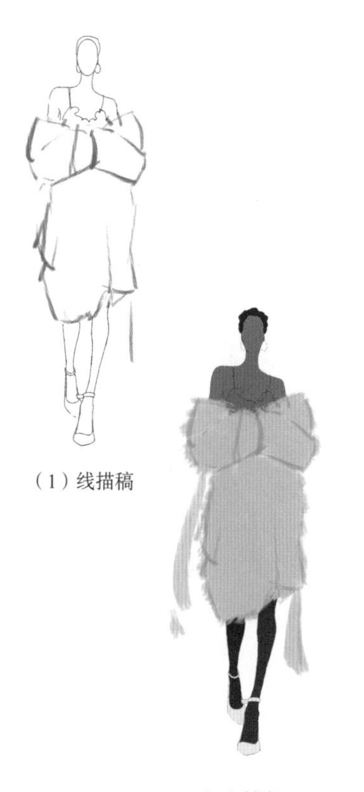

（1）线描稿

（2）铺色

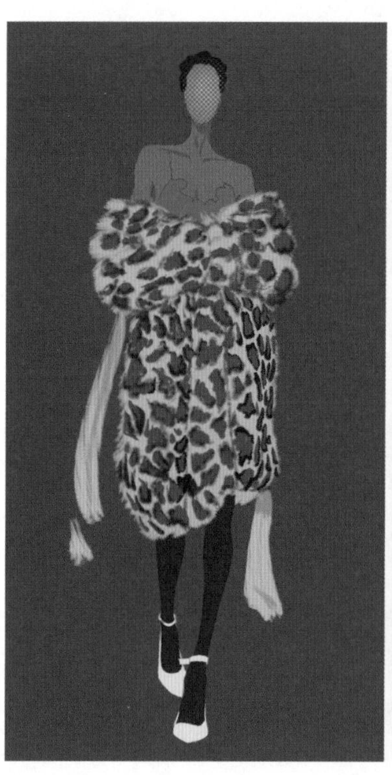

（3）细节刻画

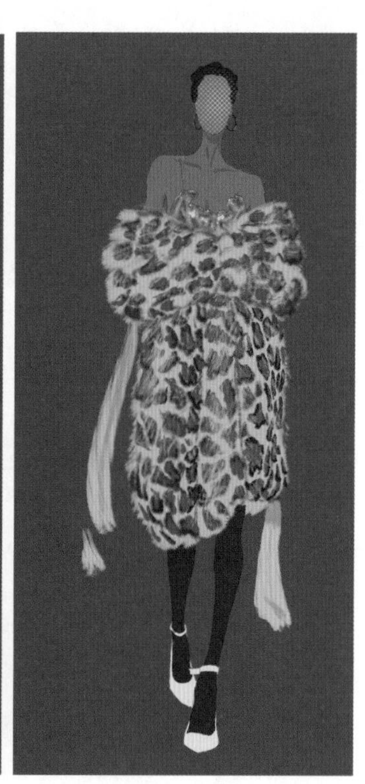

（4）完成效果

图7-95 利用电脑绘制的裘皮服装设计图二

皮材料进行剪切复制达到拼贴的写实效果，更好地体现出电脑绘图的优势。

（1）线描稿

（2）铺色

（3）裘皮部分绘制

（4）内搭绘制

（5）深入刻画

（6）完成效果

图7-96　利用电脑绘制的裘皮服装设计图三

（1）线描稿

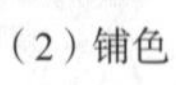

（2）铺色

（3）完成效果

图7-97　利用电脑绘制的裘皮服装设计图四

（1）线描稿

（2）铺色

（3）完成效果

图7-98 利用电脑绘制的裘皮服装设计图五

（1）线描稿

（2）铺色

（3）完成效果

图7-99 利用电脑绘制的裘皮服装设计图六

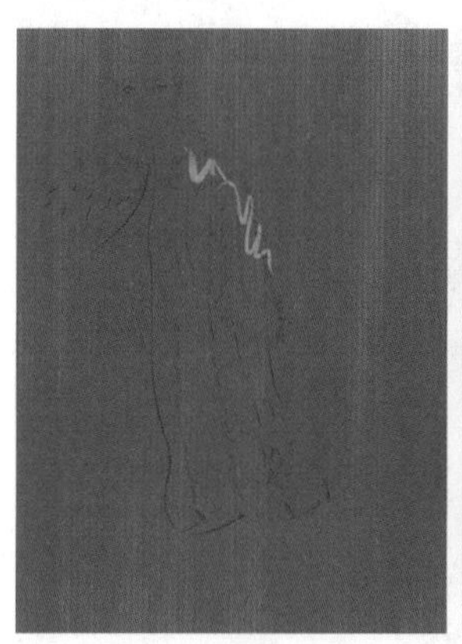

（1）线描稿

（2）铺色

（3）深入刻画

（4）完成效果

图7-100 利用电脑绘制的裘皮服装设计图七

图7-101　利用电脑绘制的裘皮服装设计图八

图7-102　利用电脑绘制的裘皮服装设计图九

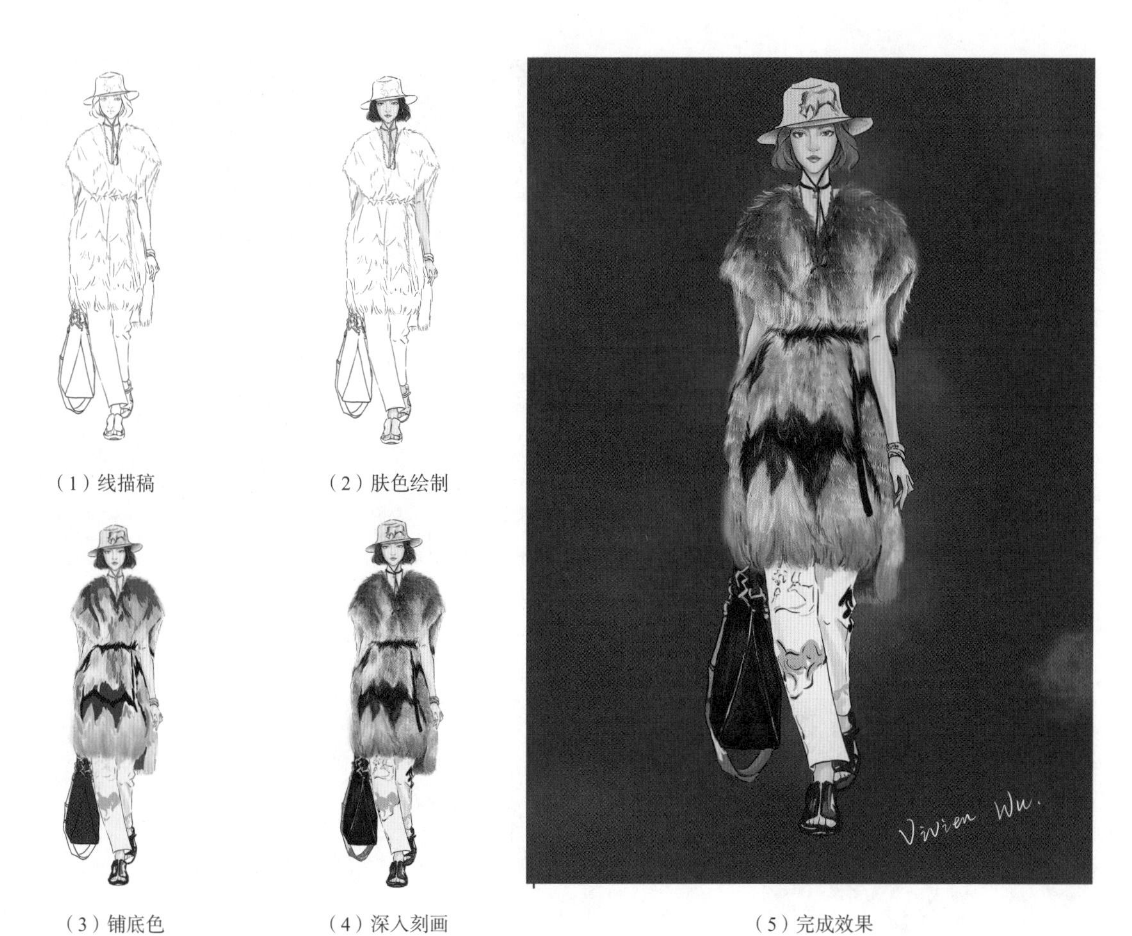

（1）线描稿　（2）肤色绘制　（3）铺底色　（4）深入刻画　（5）完成效果

图7－103　利用电脑绘制的裘皮服装设计图十

八、作品赏析（图7-104~图7-127）

图7-104　裘皮服饰设计作品一

图7-105　裘皮服饰设计作品二

图7-106　裘皮服饰设计作品三

图7-107　裘皮服饰设计作品四

图7-108　裘皮服饰设计作品五

图7-109　裘皮服饰设计作品六

图7-110　裘皮服饰设计作品七

图7-111　裘皮服饰设计作品八

图7-112　裘皮服饰设计作品九

图7-113　裘皮服饰设计作品十

图7-114　裘皮服饰设计作品十一

图7-115　裘皮服饰设计作品十二

图7-116　裘皮服饰设计作品十三

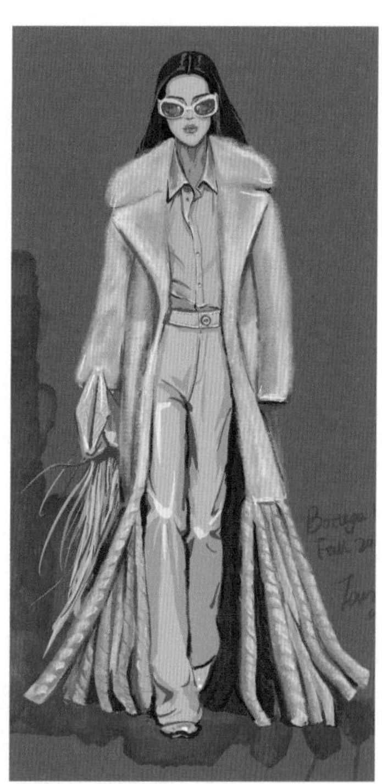

图7-117　裘皮服饰设计作品十四

图7-118　裘皮服饰设计作品十五

图7-119　裘皮服饰设计作品十六

图7-120　裘皮服饰设计作品十七

图7-121　裘皮服饰设计作品十八

图7-122　裘皮服饰设计作品十九

图7-123　裘皮服饰设计作品二十

图7-124　裘皮服饰设计作品二十一

图7-125　裘皮服饰设计作品二十二

图7-126　裘皮服饰设计作品二十三

图7-127　裘皮服饰设计作品二十四

本章小结

1. 裘皮服装设计图可以分为裘皮服装设计草图、裘皮服装工艺结构图以及裘皮服装设计效果图。设计草图可以分为记录性草图和创意性草图，可以进一步发展为工艺结构图和设计效果图。
2. 按照风格分类，可以将裘皮服装设计效果图分为写实风格、装饰风格和抽象风格三大类。

思考题

1. 裘皮服装设计图可分为哪几类?
2. 简述裘皮服装设计图的写实风格、装饰风格和抽象风格的表现特征。
3. 收集各阶段的设计效果图表现稿，选出5～8幅进行临摹。
4. 在八开纸上，分别用水粉和彩色铅笔画材绘制裘皮服装设计图一张。
5. 选择自己喜欢的2～3种手绘画材，尝试将它们结合起来绘制裘皮服装设计效果图。
6. 运用所学技能，结合服装大赛案例，完成一个大赛效果图的实操练习。

参考文献

[1] 钟茂兰，范朴. 中国少数民族服饰［M］. 北京：中国纺织出版社，2006.

[2] 刁梅. 毛皮与毛皮服装创新设计［M］. 北京：中国纺织出版社，2005.

[3] 陈莹. 毛皮服装设计与工艺［M］. 北京：中国纺织出版社，2000.

[4] 李当岐. 服装学概论［M］. 北京：高等教育出版社，2003.

[5] 郭一飞. 现代皮革服装设计与工艺［M］. 北京：中国轻工业出版社，1996.

[6] 包铭新，谢斯娜. 北欧皮草服饰［M］. 上海：上海科学技术文献出版社，2003.

[7] 蔡凌霄，于晓坤. 毛皮服装设计［M］. 上海：东华大学出版社，2009.

附录

附录一 裘皮服装品牌及设计作品鉴赏

每一季，巴黎、纽约、米兰、伦敦、东京各地时装周都涌入大量的裘皮设计，既有外衣、披肩、围巾等服饰品设计，也有袖口、裙摆等处的装饰设计。裘皮既实用保暖又美艳缤纷，令人难以抗拒。尽管反对的呼声屡屡不止，仍旧止不住裘皮的崇拜者。设计师让-保罗·高提耶索性高呼裘皮之美难以取代，克里斯汀·拉克鲁瓦（Christian Lacroix）更是宣扬自己对裘皮的热爱。裘皮已成为设计师难以割舍的设计语言，诠释着设计师对理想、时尚、人与自然等诸多层面的关注、领悟与理解。众多品牌的知名设计师用奢华精致、狂野前卫、原味复古、性感冶艳、先锋豪放的多变风格，将裘皮引入更时尚休闲、更年轻、更大众化的热潮中。

一、芬迪

拥有百年历史的芬迪，原是一家位于罗马的皮革毛皮店。芬迪是意大利裘皮业的骄傲，它的手袋、大衣是每个女人无法抗拒的诱惑。早在1918年，21岁的阿黛尔·卡萨格兰德（Adele Casagrande）在意大利首都罗马开设了一家小型皮具与裘皮商店，专为城中显贵及好莱坞女星设计订制。1925年，她嫁给爱德华多·芬迪（Edoardo Fendi），于是将店名改为芬迪，继续发展优质皮具毛皮产品，并拥有着一群皇族私密客人，从此拉开这个裘皮世家的序幕。至今，芬迪一直保持其在裘皮服装领域的领导地位，以至于人们一想到裘皮就想到芬迪。

1946年，芬迪第二代五姐妹涉足家族企业的经营和产品企划。1954年创始人去世，五姐妹正式全面接管芬迪业务，为芬迪提供了新的想法与活力，努力改变过去人们视裘皮为高档奢侈品的传统观念，希望芬迪的裘皮服装被更多的消费者购买，令其更加生活化、平民化、时装化，同时能够更贴合女性日新月异的需要，将芬迪带入全面的革新时代。

1965年，年轻的卡尔·拉格菲尔德（Karl Lagerfeld）加盟芬迪，设计出著名的双F（Double F）标识，还推动了芬迪最引以为傲的裘皮制品的发展，将芬迪精致传统的手工工艺与前卫独创的时尚精神相结合，将传统转化为时尚。在20世纪60年代，大多数人还只是追求裘皮的厚实丰美，芬迪就超越性地扭转传统，用全新的设计震撼世人。例如，卡尔·拉格菲尔德将动物毛皮处理成仿制毛皮的外观效果；在裘皮面料上打上大量小洞眼，以减轻重量便于穿着；将毛皮多彩染色；用水貂皮作为边饰，装饰牛仔大衣；选用松鼠皮、雪貂皮等非常用裘皮进行大胆的先锋设计。

由于环保人士的抗议，芬迪开始思考不同的素材，20世纪90年代初期推出正面为全毛皮、反面为网眼织物的两面穿大衣，以回应当时的反毛皮服装运动。1993～1994年秋冬，芬迪品牌推出可折叠成有拉链小包状的中长毛皮大衣。

1995年芬迪第三代家族成员西尔维娅·凡度里尼·芬迪（Silvia Venturini Fendi）成为设计部门经理，她的创新设计让芬迪的老店形象大变脸，俏丽的风格让品牌摇身一变成为摩登时尚的代表，但奢华感却并未消失。无论是裘皮、皮革、箱包，还是后期发展的时装都着重优质物料，坚持手工制作、高质量素材的原则。

历经近一个世纪的沧桑，芬迪一直是全球最负盛名的裘皮名家。芬迪也从不忘记其贵族传统及根源——裘皮与皮革，透过各款独特的精选质料与裁剪工艺，如镶嵌工艺的超柔软银丝鼠皮、极富动感的偏斜剪裁裘皮、亦庄亦谐的貂皮及狐皮扭花、几何拼花图案、饰钉及裂纹软皮等，充分发挥创意精神，设计作品独具匠心，极显大将之风及完美主义的精髓。

二、罗伯特·卡瓦里（Roberto Cavalli）

来自意大利的知名时装设计师卡瓦里于1940年诞生于艺术世家。自小耳濡目染，卡瓦里在学生时代就发明在轻柔的皮毛上印花的革命性新技术，他也由此产生萦绕自己一生的裘皮情缘。十年后，皮革让卡瓦里真正名扬天下。20世纪60年代他用碎皮拼出第一件有着无数接缝的拼皮外套，成为嬉皮士们的必备服装。20世纪70年代，卡瓦里开始以华丽复古风格的设计崭露头角。其作品大量以动物裘皮为元素，并以标新立异的大胆用色、性感剪裁、奢华材质以及对时尚的敏锐触觉著称。他一直坚持使用真正的裘皮做设计，甚至在各种材质上印上裘皮的花纹，就连薄纱也印有野性的豹纹图案。

2008年秋冬，飘逸的雪纺纱细肩带洋装，搭配极为精巧合身的拼接毛皮，成为卡瓦里的主要风格。延续着2008年春夏女装浪漫主义的缤纷，做工精细、色彩灿烂的繁花再次出现在秋冬秀场上。少了过去的狂野与奔放，取而代之的是优雅至上的曲线与风格，多用几何与鲜花纹样。

卡瓦里说：“我只为热爱生活、热爱自然、懂得爱的人设计，并且希望他们的个性通过我的时装更强烈地表现出来。”的确，卡瓦里的设计被这样的激情和自我表现的欲望左右着。选择当一名徘徊在主流时尚之外的设计师，并且十年如一日保持着这种状态，这就是卡瓦里。

三、克里斯汀·迪奥

迪奥的名字“Dior”在法语中是“上帝”和“金子”的组合。以他的名字命名的品牌Christian Dior（简称CD），自1947年创始以来，一直是华丽与高雅的代名词。不论时装、化妆品或是其他产品，迪奥在时尚殿堂一直雄踞顶端。

1905年，迪奥出生于法国诺曼底格兰威尔一个企业主家庭，曾因家人的期望，学习政治，后终因个人喜好转向美学，并结识毕加索、马蒂斯、达利等画家，从小就富有卓越的设计品位。1928年和朋友合开一家小艺廊，出售先锋派作品。1935年开始为《费加罗报》作画，还曾在巴黎街头售卖自己的时装画。1938年其设计才华受到时装界巨头罗伯特·皮凯（Robert Piquet）的赏识，被其聘为助理设计师。1942年与皮埃尔·巴尔曼共事，此时他已掌握服装设计与结构等方面的技巧。1945年迪奥结识法国纺织大王马塞尔·布萨克（Marcel Broussac），在其资助下在巴黎高级时装街蒙田大道（Avenue Montaigne）开设个人服装店。

1947年2月，迪奥举办第一个高级时装展，推出第一个时装系列“新外观（New Look）”，打破当时女装保守古板的线条，改写近代女装时尚风貌的华丽传奇。迪奥随即轰动整个西方世界，不久来到美国，在纽约第七街扎根。成名后每一次新作推出都引起时装界关注，迪奥品牌一直是炫丽的高级女装时代（1947～1957年）的领头羊，随后迪奥将事业发展到世界各地，短短几年就建立了庞大的商业网络。

1973年，迪奥品牌开设高级成衣裘皮系列。1982～1983年，迪奥品牌与北欧世家裘皮合作，设计多款男女水貂服装。时至今日，裘皮总是尽情地出现在迪奥品牌秋冬季节的设计作品中。2008年秋冬，迪奥品牌设计师将20世纪60年代贵妇形象华丽地呈现在巴黎时装周，开场秀的名模玛莎·泰娜（Masha Tyelna）一席白色貂毛大衣，配合蓬松高耸的发式和令人无法逼视的浓烈眼妆，塑造了华丽雍容的贵妇形象，完美演绎了20世纪60年代的风格。

虽然迪奥先生在时尚舞台上的辛勤耕耘只有短短的十年，不过他所留下的优雅典范与卓越贡献，却像太阳光般永远照耀着我们。

四、让-保罗·高提耶

让-保罗·高提耶1953年出生于法国，幼年在巴黎的市郊长大，父亲是一名图书管理员，母亲是秘书，他是家中的独子。高提耶的祖母是一名护士，同时也是一名医疗美容师，喜爱华丽迷人的服饰。而他也正是从祖母那里得到了关于时装的最初印象。

高提耶尤为欣赏伊夫·圣罗兰（Yves Saint Laurent）、加布里埃·夏奈尔（Gabrielle Chanel）和克里斯汀·迪奥，因为这些曾经创造一个时代风格的设计大师与他的设计精神不谋而合。成长于激情狂飙的20世纪60年代，年轻的高提耶心中萌生了反传统、反体制风格。当高提耶在电视上看到20世纪60年代的明星设计师安德烈·库雷热（Andre Courreges）的展示之后，就喜爱上设计师的工作。18岁生日那天，高提耶开始为皮尔·卡丹（Pierre Cardin）工作，随后转到让·巴度（Jean Patou）。

积累一定的设计经验后，高提耶在1977年创立了以自己名字命名的时装品牌。1990年，高提耶的设计事业出现转折，他受邀为麦当娜（Madonna）的“美眉的野心（Blonde Ambition）”巡回演唱会设计服装。他为麦当娜量身打造的金属尖锥形胸衣获得全世界的关注，也为他的事业翻开了新的篇章。

高提耶于1997年与北欧世家裘皮合作设计高级时装系列，法国毛皮业协会和世家裘皮都是他的支持者。而他也表现出对裘皮的难舍之情，高调表态裘皮之美难以取代。在他的秋冬季作品发布会中，这位“时装顽童”用一款款风格别致、充满奇思妙想的裘皮时装，引领我们走进以他独特视角诠释的“奢华”裘皮时装王国。

五、东北虎（NE·TIGER）

东北虎品牌创立于1992年，是中国有代表意义的奢侈品品牌之一。1996年，东北虎在哈尔滨中央大街成立裘皮设计、营销的专业机构——东北虎皮草世界，并迅速跻身中国裘皮时尚前沿，成为国内外优质、高档裘皮的知名品牌。2001年，东北虎以全新的服务模式，在北京成立全球第五个设计营销中心暨中国首家专业的裘皮俱乐部——东北虎裘皮俱乐部。2005年底，东北虎正式加入世界顶级裘皮供应商——丹麦哥本哈根拍卖会的“紫色俱乐部”，成为中国唯一的会员。

在东北虎的设计工作室里，每件产品都有特定的“主题”和“情节”。东北虎设计总监张志峰带领其麾下设计工作室团队，融汇古今、贯通中西、跨越季节，彻底颠覆裘皮的使用季节和温度属性，彰显裘皮是昂贵的奢侈品元素，而不只是保暖的材质。东北虎以裘皮设计和生产为品牌的起点，并向着更广阔的奢侈品天地迈进。东北虎的设计师团队创造出高级裘皮、高级晚装及高级定制婚礼服的全线品牌，并日臻完善。

附录二

裘皮服饰的穿着与保养

裘皮服装的保养和收藏是设计师和消费者需要了解的。保养得宜，可以让裘皮有更长久的生命力。

裘皮服装宜保存在阴凉、干爽、通风的环境中，不宜碰水，因为裘皮受潮很容易掉毛，也要避免阳光直晒。穿过的裘皮在收藏前，要用适合的刷子顺着毛的方向刷一遍，避免皮屑、虫子藏匿。待雨季过后，晒裘皮时必须避免阳光直晒，可在裘皮上覆一层布，晒后待裘皮温度恢复到常温后再收藏起来。入冬之前，将保养的裘皮大衣取出，要先做一些整理工作方能再穿。这是因为经过长期密封存放的裘皮服饰，其针毛和夹里都会起皱，取出来后，应先将夹里烫平，并在针毛表面喷洒少许水雾，然后用刷子刷顺，待阴干后再将毛锋抖松，就可以恢复原样。除此之外，在裘皮的养护过程中还有许多“功课”要做，以避免对裘皮造成不必要的损伤。

一、必须做的“功课”

（一）防湿热

阳光和湿气是裘皮的大敌。所以在放置裘皮时，避免阳光直射，周围不能有热水管或蒸汽管，不能放置在闷热潮湿的地方。最好保持室温在15度，或放置防潮药品。

（二）挂置得当

应用有肩垫的衣架或宽肩大衣架来挂置裘皮，不要用钢丝衣架，以免裘皮破损或变形。

（三）透气良好

与人要呼吸一样，裘皮也需要良好的透气度，提倡给裘皮呼吸的空间。因此在储存裘皮时，要确保环境透气度高，要有较为宽敞的地方，与其他服装之间保持适当的空间距离。有需要时可以用宽大的布衣袋罩住裘皮，隔开灰尘。

（四）避开化学品

穿裘皮时，尽量不要喷香水或发胶，在裘皮附近不要使用杀虫剂，因为这些产品含有酒精成分，会使裘皮变干、变脆且易折断。

二、不要做的“功课”

（1）切勿使用不透气的胶质衣套罩住裘皮大衣，最好用真丝衣套存放。

（2）切勿将裘皮放入杉木做的衣柜中，因为其散发出的气味会令毛皮受损。

（3）切勿擅自修改或用普通梳子刷毛，如果出现不顺滑、打结等现象，应及时送到专业部门请专业人员来处理。

（4）切勿用普通方法清洗裘皮，应定期（通常是一年一次）送往裘皮店清洗打理，保持光洁。

（5）切勿在裘皮上自行装饰任何东西，严禁改装或在裘皮上钉缝任何饰物，否则很容易将裘皮勾穿。避免背皮包，以免背包带子与裘皮摩擦，造成损害。另外，身上的一些金属链腰带、手表、手链等装饰物也会磨损裘皮。

（6）切勿自行缝补裘皮接缝处的裂开线缝，不要自行割开、修补或缝缀，应送交专业人员处理。

三、有条件就做的“功课”

（1）在夏季最好把裘皮放置于冷藏库中，或是家中的冷气房内，以避免高温、潮湿和虫蚁的伤害。

（2）不要压紧折叠裘皮衣物，以免皮毛变形甚至脱毛，在折叠的时候要将毛面朝外。最好有足够宽敞的地方存放裘皮衣物。存放裘皮衣物的包中可塞入废旧报纸等东西。

小提示：如果不小心弄湿裘皮，如被雨水或霜雪淋湿，不要用吹风机吹干，更不可加热烘烤或在阳光下暴晒，因为裘皮不能遇热。只需将淋湿的裘皮拎起来，抖掉水珠，再将它挂在阴凉处自然风干。当然，也可以将你的裘皮送回原公司保管和清洗，只需要支付必要的费用。

附录三 国际裘皮推广机构

一、北欧世家皮草（SAGA FURS）

北欧世家皮草机构在世界裘皮业中占据着举足轻重的地位。它成立于1954年，是由芬兰和挪威的毛皮饲养商协会联合组成的一个国际市场推广和拓展机构，目的在于向全球推广由芬兰毛皮拍卖行联合奥斯陆毛皮拍卖有限公司，独家销售的世家貂皮（SAGA MINK）和世家狐皮（SAGA FOX），属无营利市场的组织。目前，世家貂皮占全球貂皮总产量的20%，而世家狐皮则占全球狐皮总产量的80%。

北欧世家皮草总部设在宛如童话世界的丹麦哥本哈根。作为国际裘皮业的权威机构，北欧世家皮草积极开展裘皮服装设计与工艺研究工作，成立了全球性的裘皮设计中心——丹麦哥本哈根世家皮草设计中心和北京世家设计中心。在20世纪80年代之前，即便是国际上最为著名的服装设计学院也很少讲授裘皮服饰设计和工艺方面的知识。直到1988年，北欧世家皮草创立丹麦哥本哈根世家皮草设计中心后，人们有机会了解更多裘皮的相关知识，设计中心每年都接受来自世界各地优秀设计师的造访。世界各地服装设计学院的教师、学生以及裘皮企业家等人士也常常受邀到设计中心学习裘皮设计的相关课程。如今，北欧世家皮草设计中心成为裘皮制作新工艺和裘皮服饰新理念的开创者，许多被时装设计界所熟知的工艺就发源于此。

二、美国传奇（AMERICAN LEGEND）

为另一家著名裘皮国际推广组织的美国传奇，于1986年由美国的两大水貂生产组织——美国五大湖水貂毛皮协会和美国水貂养殖业者协会共同创立。该组织拥有1000多位养殖会员，通过研究、改革饲养貂皮的外观，选择繁殖和科学的饮食配置，使貂皮变得更加柔软，色彩更加浓重，在国际上拥有一定的影响力。

与北欧世家皮草机构一样，作为无赢利市场组织，美国传奇不仅致力推广传奇水貂，同时也成为最佳水貂皮质量的保证。每年在米兰、法兰克福、巴黎、纽约、首尔、香港以及北京的裘皮博览会上，美国传奇的水貂皮都受到世界各地著名设计师的喜爱。创立于1898年的世界上历史最为悠久的西雅图裘皮拍卖行，则是唯一销售美国传奇水貂的拍卖行。

三、北美裘皮协会（NAFA）

有着350多年历史的北美裘皮协会，是代表加拿大和美国毛皮生产商的国际市场官方机构，由美国水貂理事会、加拿大水貂饲养者协会、加拿大狐狸饲养者协会、北美裘皮协会野生裘皮运输理事会和北美裘皮拍卖协会五家机构组成。每年冬季到来之前，北美裘皮协会都会通过各种不同的推广活动，在全球各地举办时装表演，旨在通过积极的市场策略，为成员机构赢得并保持世界裘皮市场的领先地位。

附录四

常用毛皮动物名称中英文对照（附表）

附表　常用毛皮动物名称中英文对照

名称	英文	名称	英文	名称	英文
黄狼	Weasel	香（银）鼠	Laska	猫	Cat
貉子	Raccoon	银丝鼠	Chinchilla	狗	Dog
猸子	Pahmi	艾虎（地狗）	Fitch/Masked Polecat	兔	Rabbit
旱獭	Marmot	香猫	Civet（Cat）	牦牛	Yak
水獭	Otter	山羊	Goat	狼	Wolf
松鼠	Pine Squirrel	卡拉库羔羊	Karakul	猞猁	Lynx
灰鼠	Squirrel	马	Horse	豹猫	Leopard Cat/Tiger Cat/Ocelot
负鼠	Opossum	水牛	Buffalo	海豹	Seal
麝鼠	Muskrat	牛	Cow	海狸	Beaver
海狸鼠	Nutria	獭兔	Rex Rabbit	扫雪貂	Ermine
紫貂	Sable（野生 Wild，养殖 Farm）	水貂	Min	白貂	White Mink
米黄色貂	Palomino Mink	珍珠色貂	Pearl Min	浅啡色貂	Pastel Mink
深咖啡貂	Scanbrown Mink	红咖啡貂	Scanglow Mink	浅棕貂	Shallow Brown Mink
粉棕貂	Pastel Mink	本棕貂	Demibuff Mink	马可更尼貂（棕黑色）	Mahogany Mink
本黑貂	Dark Mink	蓝宝石貂	Sapphire Mink	紫罗兰貂	Violet Mink
银灰色貂	Sapphire Mink	银蓝色貂	Silver Blue Mink	铁灰色貂	Blue Iris Mink
黑十字貂	Black Cross Mink	银灰色十字貂	Sapphire Cross Mink	浅啡色十字貂	Pastel Cross Mink
狐	Fox	蓝狐	Blue Fox	影狐	Shadow Fox
白影狐	Shadow White Fox	蓝影霜狐	Shadow Blue Frost Fox	蓝霜狐	Blue Frost Fox
银狐	Silver Fox	灰狐	Grey Fox	沙狐	Kit Fox
金狐	Gold Fox	金十字狐	Gold Cross Fox	白金狐	Platinum Fox
金岛狐	Golden Sland Fox	冰岛狐	Arctic Marble Fox		